Hammer · Knauth · Kühnel

Physik

Jahrgangsstufe 10
Addita – Teil II

| Einführung in die Halbleiterphysik | Steuern und Regeln mit Elementen der Mikroelektronik |

von
Hubert Schafbauer

unter Mitarbeit von
Herbert Knauth
Siegfried Kühnel

von
Hubert Schafbauer

unter Mitarbeit von
Herbert Knauth
Siegfried Kühnel

Oldenbourg

Bildquellenverzeichnis:
Deutsches Museum München: B1, S. 27; Siemens AG, München: B 13, S. 31; B1, S. 37

Das Papier ist aus chlorfrei gebleichtem Zellstoff hergestellt, ist säurefrei und recyclingfähig.

© 1999 Oldenbourg Schulbuchverlag GmbH, München

Das Werk und seine Teile sind urheberrechtlich geschützt. Jede Verwertung in anderen als den gesetzlich zugelassenen Fällen bedarf deshalb der schriftlichen Einwilligung des Verlags.

1. Auflage 1999   R   E
Druck   03   02   01   00   99

Die letzte Zahl bezeichnet das Jahr des Drucks.

Umschlagkonzept: Mendell & Oberer, München
Umschlaggestaltung: Klaus Hentschke, München
Lektorat: Dorothee Heinrich
Herstellung: Fredi Grosser
Fotos: Siegfried Kühnel, Stockdorf/Hubert Schafbauer, München
Grafik: Harald Kröhn, Oberschöneberg
Umschlagfotos: Siemens AG, München; Hubert Schafbauer, München; Siegfried Kühnel, Stockdorf
Reproduktion: Sycom GmbH, München
Satz: R. Oldenbourg Graph. Betriebe GmbH, München
Druck und Bindung: Landesverlag Druckservice, Linz

ISBN 3-486-**87577**-9

Inhaltsverzeichnis

Einführung in die Halbleiterphysik 6

1 Einfluss von Temperatur und Beleuchtung auf die Eigenleitung von Halbleitern 7

1.1 Versuch zur Einführung 7
1.2 Halbleiter 7
1.3 Einfluss von Temperatur und Beleuchtung auf die Eigenleitung von Halbleitern 8
1.4 Elektronen- und Löcherleitung 9

2 Störstellenleitung bei dotierten Halbleitern;
Effekte an der pn-Grenzschicht von Halbleiterdioden 13

2.1 Dotieren von Halbleitern 13
2.2 Störstellenleitung 14
2.3 Effekte an der pn-Grenzschicht von Halbleiterdioden 14

3 Spezielle Dioden 20

3.1 Diodenkennlinien 20
3.2 Leuchtdiode 22
3.3 Fotodiode 23
3.4 Zenerdiode 24

4 Eigenschaften des Transistors 27

4.1 Aufbau und Wirkungsweise des Transistors 27
4.2 Stromsteuerkennlinie; Stromverstärkung 29
4.3 Anwendung des Transistors als Verstärker 30
4.4 Halbleiterfertigungstechnik 31

Steuern und Regeln mit Elementen der Mikroelektronik ... 36

1 Operationsverstärker ... 37
1.1 Eigenschaften des Operationsverstärkers ... 37
1.2 Einfache Anwendungen des Operationsverstärkers ... 40

2 Steuern und Regeln ... 46
2.1 Steuerung ... 46
2.2 Regelung ... 49
2.3 Steuern und Regeln mit einem Operationsverstärker ... 50

**3 Prinzip der Rückkopplung in technischen, biologischen, ökologischen ... 52
und ökonomischen Systemen**

3.1 Regelung in technischen Systemen ... 52
3.2 Regelung in biologischen Systemen ... 53
3.3 Regelung in ökologischen Systemen ... 54
3.4 Regelung in ökonomischen Systemen ... 55

4 Nachrichtenübertragung mit Licht ... 58
4.1 Prinzip der Nachrichtenübertragung mit Licht ... 58
4.2 Moderne Nachrichtenübertragung mit Glasfaserkabeln ... 59

Personen- und Sachverzeichnis ... 62

Periodensystem der Elemente ... Umschlag

Vorwort

Der vorliegende Band enthält die Addita „Einführung in die Halbleiterphysik" und „Steuern und Regeln mit Elementen der Mikroelektronik", die nach dem Lehrplan Physik für die Jahrgangsstufe 10 der mathematisch-naturwissenschaftlichen Gymnasien vorgesehen sind. Da diese zwei Addita in manchen Abschnitten thematisch eng zusammenhängen, ist es zweckmäßig, beide in der angegebenen Reihenfolge zu behandeln. Die einzelnen Kapitel des Buches entsprechen den Abschnitten des Lehrplans.

Die Darstellung geht von der Erfahrungswelt der Schüler aus, gewinnt ihr Interesse durch motivierende Versuche und führt schrittweise zu physikalischen Begriffen, Gesetzen und Einsichten und zum Verständnis physikalischer Zusammenhänge in Natur und Technik. Der Text ist dabei so ausführlich gehalten, dass das Durcharbeiten keine Schwierigkeiten bereitet. Das unverzichtbare Grundwissen ist durch eingerahmten Fettdruck hervorgehoben. Dank der zahlreichen Farbfotos und Grafiken können sich die Schüler die Versuche vergegenwärtigen und gut einprägen. Die Schüler werden dadurch aber auch in die Lage versetzt die einzelnen elektronischen Schaltungen selbst aufzubauen. So eignet sich der vorliegende Band besonders gut als Arbeitsgrundlage für die Schüler um die Lerninhalte der beiden Addita weitgehend eigenständig in der wöchentlichen Physikübungsstunde zu erarbeiten. Die Beschaffung des dazu erforderlichen Materials und der Aufbau der einzelnen Schaltungen wird aufgrund der Angabe der Versuchsdaten wesentlich erleichtert. Zahlreiche Bilder aus Industrie und Umwelt öffnen den Schülern außerdem den Blick für die technische Anwendung erkannten physikalischen Wissens.

Die neuen Intentionen des Lehrplans, wie z. B. Fächer übergreifender Unterricht und Anregungen zur Eigentätigkeit, sind in vielseitiger Weise berücksichtigt. So sollen auch die „Experimentierecken" die Eigentätigkeit der Schüler fördern und auf eine sinnvolle Freizeitbeschäftigung hinwirken. Ebenso sollen die Kapitel „Physikalisches aus der Technik" und „Physikalisches aus der Medizin" dazu anregen, sich über den Unterrichtsstoff hinaus mit interessanten Anwendungen der Physik zu befassen.

Der Band enthält viele Aufgaben. Hier wird der Lehrer nach eigenem Ermessen eine zu seinem Unterricht passende Auswahl treffen, die die Schüler so fördert, dass sie ihr Wissen festigen und vertiefen. Die kurzen Aufgaben auf der Randleiste (R-Aufgaben) sollen dazu anregen, zugehörige Bilder oder Texte genau zu studieren und darüber zu reflektieren.

Dem Oldenbourg Verlag danken wir für die aufwendige, schöne Gestaltung des Buches.

Für Verbesserungsvorschläge sind wir stets dankbar.

München, im Frühjar 1999   Die Verfasser

Einführung in die Halbleiterphysik

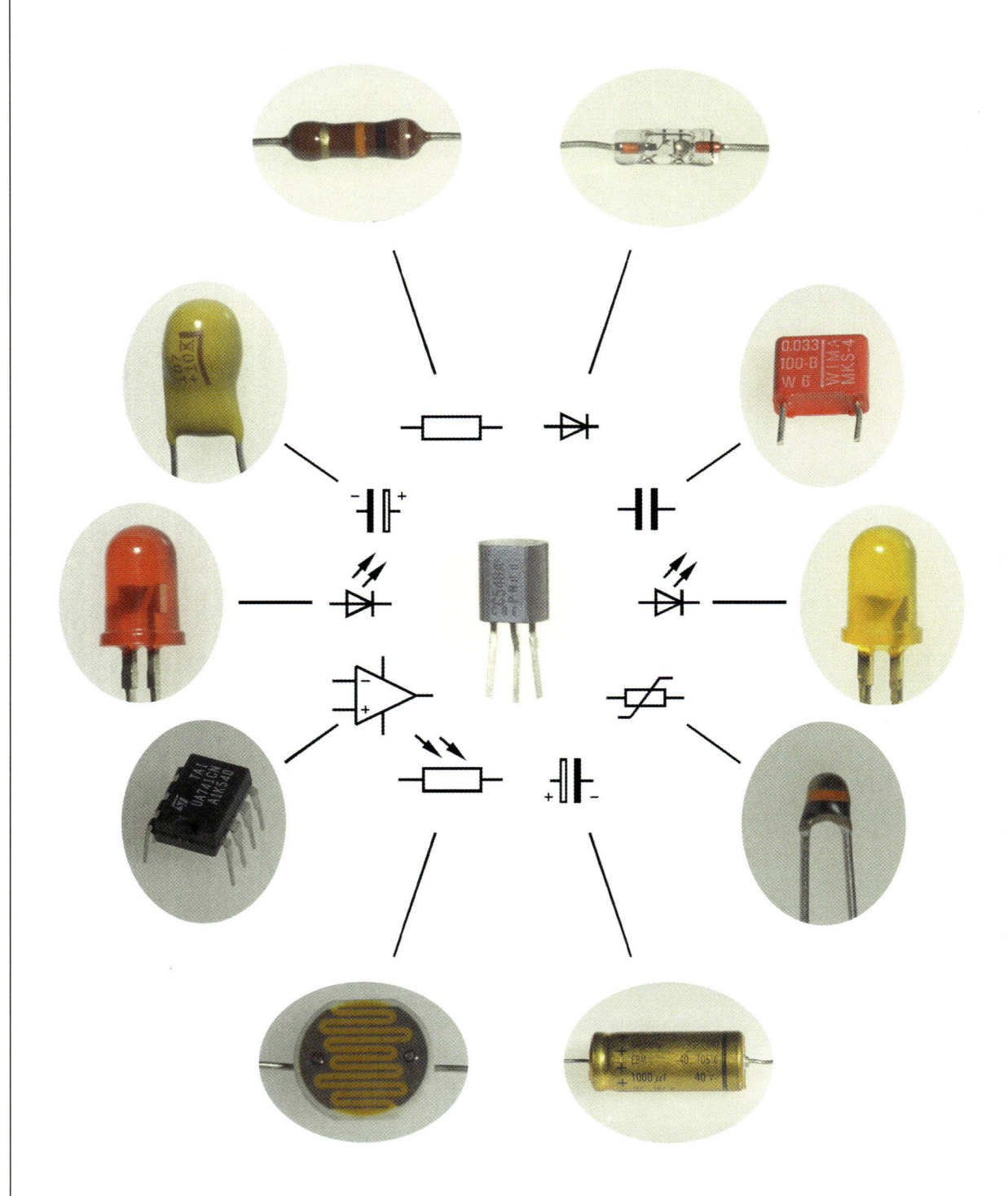

Elektronische Bauelemente

B 1
„Anzünden" eines Glühlämpchens mit der Flamme eines Feuerzeugs

B 2
Verwendete Bauteile des Versuchs zu B 1

R-Aufgabe

Wie kann man den spezifischen Widerstand von Eisen berechnen? Entnimm B 3 den spezifischen Widerstand von Eisen; zeige, dass er mit dem Tabellenwert $0{,}10 \cdot 10^{-6}\,\Omega\,\text{m}$ bei 20 °C übereinstimmt.

1 Einfluss von Temperatur und Beleuchtung auf die Eigenleitung von Halbleitern

1.1 Versuch zur Einführung

Mit dem Versuchsaufbau von B 1 können wir einen verblüffenden Versuch durchführen. Ein frei an einem Draht hängendes Glühlämpchen kann mit einem Feuerzeug „angezündet" werden, wenn wir die Flamme in die Nähe des Glühlämpchens bringen. Durch kräftiges Blasen gegen das Lämpchen können wir es sogar wieder „ausblasen".

Dieser Versuch gelingt durch den Einsatz von nur wenigen elektronischen Bauteilen. Wenn wir den Kasten, der sich unter dem Glühlämpchen befindet, öffnen (B 2), so erkennen wir, dass der Versuch mit einem Potentiometer, einem Transistor, einem LDR, einer Batterie und einem Glühlämpchen realisiert werden kann. Die Funktionsweise des Potentiometers, der Batterie und des Glühlämpchens kennen wir schon. Wie der LDR und der Transistor funktionieren, werden wir im Laufe dieser Einführung in die Halbleiterphysik erfahren, sodass wir dann auch die Funktionsweise der hier verwendeten Schaltung verstehen werden.

1.2 Halbleiter

Als *Halbleiter* bezeichnet man z. B. Stoffe wie Silizium (Si), Germanium (Ge) oder Gallium-Arsenid (GaAs). Sie leiten den elektrischen Strom nicht so gut wie Metalle, aber auch nicht so schlecht wie Isolatoren. Die Halbleiter stehen bezüglich ihrer Leitfähigkeit zwischen den Extremen Leiter und Isolator. Daraus entstand der Begriff Halbleiter. B 3 zeigt den spezifischen Widerstand einiger Stoffe; dieser ist temperaturabhängig und hier für etwa Zimmertemperatur angegeben.

B 3
Spezifischer Widerstand einiger Stoffe

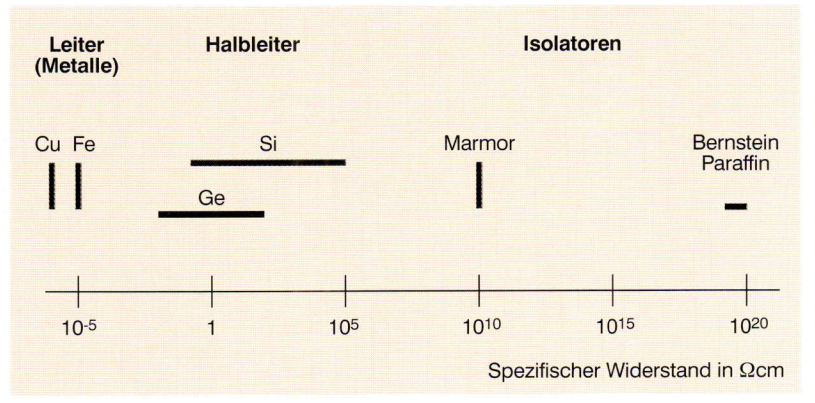

B 4
Versuch zur Eigenleitung eines Halbleiters

a) Anordnung

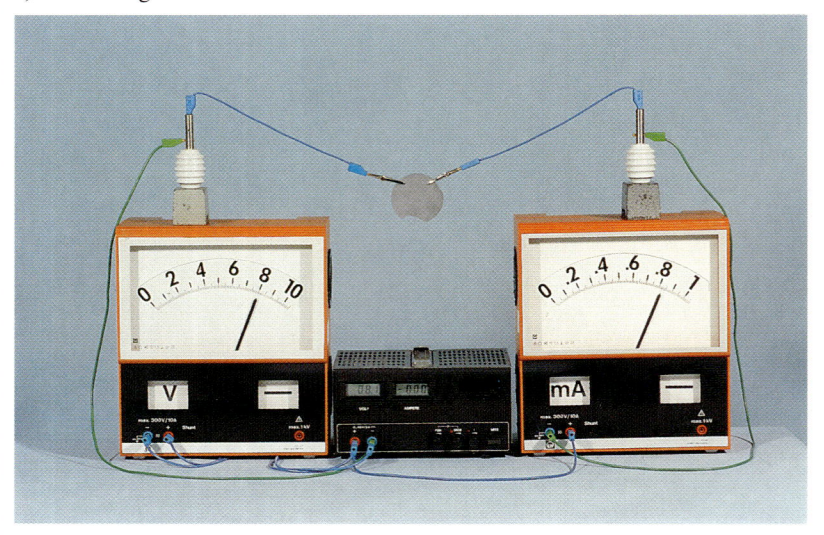

b) Schaltbild

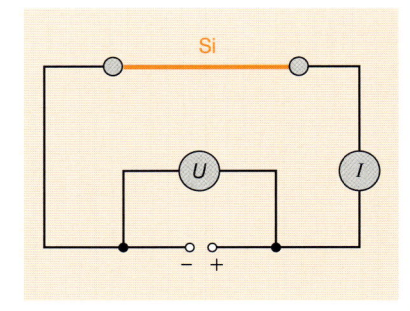

R-Aufgabe

Ermittle aus den Daten, die B 4a liefert, den Widerstand des Teiles der Siliziumscheibe, der sich im Stromkreis befindet.

Versuch (B 4): Wir bauen einen einfachen Stromkreis aus einer Stromquelle, einem Spannungsmessgerät, einem Strommessgerät und einer Siliziumscheibe auf. Wenn wir Spannung anlegen, so sehen wir am Strommessgerät, dass ein geringer Strom durch den Halbleiter fließt. Diese Tatsache bezeichnet man als *Eigenleitung des Halbleiters*.

Silizium ist weder ein guter Leiter noch ein Isolator.

1.3 Einfluss von Temperatur und Beleuchtung auf die Eigenleitung von Halbleitern

1.3.1 Eigenleitung einer Siliziumscheibe

Versuch: Wenn wir die Siliziumscheibe im Versuch zu 1.2 mit einem Heizstrahler erwärmen (B 5) oder mit einer Lampe beleuchten (B 6), so beobachten wir, dass die Stromstärke im Stromkreis jedes Mal ansteigt.

B 5
Zunahme der Leitfähigkeit eines Halbleiters bei Erwärmung

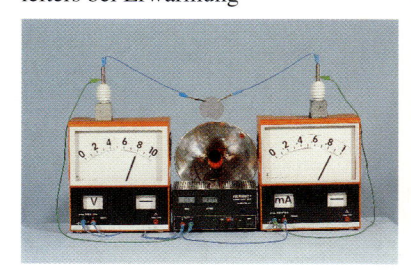

B 6
Zunahme der Leitfähigkeit eines Halbleiters bei Beleuchtung

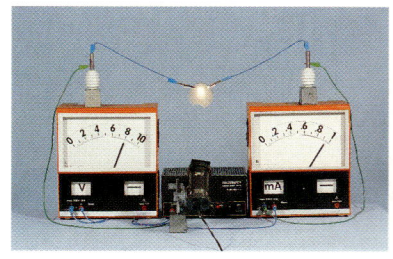

Ein Halbleiter leitet den elektrischen Strom bei Erwärmung oder Beleuchtung besser.

B 7
Heißleiter und Fotowiderstand

a) Ansicht
von oben nach unten: NTC, LDR, Streichholz zum Größenvergleich

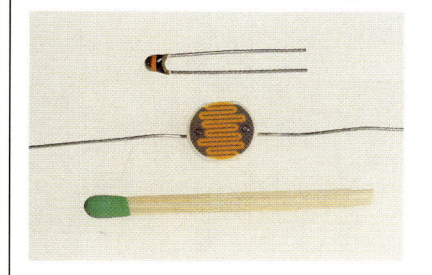

b) Schaltsymbole

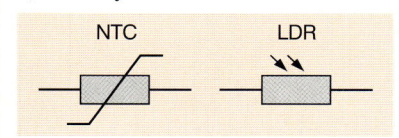

R-Aufgabe

Wie ändert sich der Widerstand eines NTC bei Erwärmung und der eines LDR bei Beleuchtung?

1.3.2 Heißleiter und Fotowiderstand

Es gibt Halbleiterbauelemente, die speziell so gebaut sind, dass sie besonders gut auf Temperaturänderung oder Beleuchtung reagieren. Im ersten Fall handelt es sich um einen *Heißleiter* oder NTC[1], im zweiten um einen *Fotowiderstand* oder LDR[2] (B 7).

Führen wir den Versuch zu 1.3.1 mit dem NTC bzw. mit dem LDR bei gleicher Spannung nochmals durch, so beobachten wir eine größere Zunahme der Stromstärke bei gleicher Erwärmung oder Beleuchtung.

1.4 Elektronen- und Löcherleitung

1.4.1 Kristallbindung

Ein Körper kann den elektrischen Strom umso besser leiten, je mehr frei bewegliche Ladungsträger in ihm vorhanden sind. In einem Metall sind etwa so viele freie Elektronen wie Atome vorhanden, ein Isolator enthält dagegen gar keine freien Ladungsträger.

Bei einem Halbleiter (z. B. Silizium) sind die Atome regelmäßig angeordnet; sie bilden einen *Kristall*. Jedes Siliziumatom umgibt sich dabei so mit vier weiteren Siliziumatomen, dass sich dieses im Zentrum und die anderen vier an den Ecken eines regulären Tetraeders befinden (B 8).

Da die Halbleiter Silizium und Germanium zur Gruppe IV des Periodensystems (s. Anhang) gehören, besitzen sie vier Elektronen in der äußersten Schale (B 9).

B 8
Tetraederförmiger Aufbau des Siliziumkristallgitters

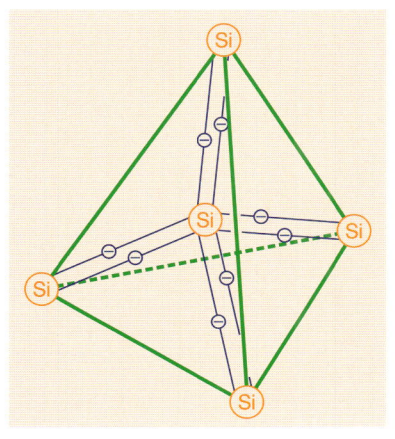

B 9
Aufbau des Siliziumatoms

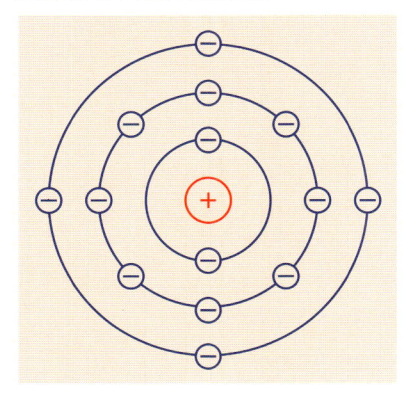

---

1 NTC *n*egative *t*emperature *c*oefficient (engl.) negativer Temperaturkoeffizient
2 LDR *l*ight *d*ependend *r*esistor (engl.) lichtabhängiger Widerstand

Diese Elektronen heißen *Valenzelektronen*[1]. Die Kristallbindung kommt dadurch zustande, dass ein Siliziumatom jeweils mit einem der vier benachbarten Siliziumatome ein Valenzelektron gemeinsam benutzt. Auf diese Weise erhält jedes Si-Atom acht Außenelektronen, was zu einem besonders stabilen Zustand führt. In B 8 sind diese acht Elektronen für das zentrale Si-Atom eingezeichnet, die vereinfachte Darstellung zeigt B 10.

B 10
Vereinfachte Darstellung des Si-Kristallgitters

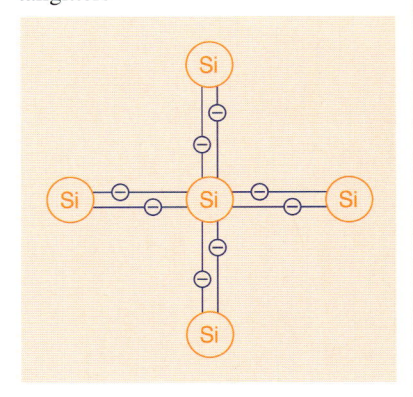

1.4.2 Generation und Rekombination

Bei tiefen Temperaturen sind alle Valenzelektronen an die Atome gebunden. Der Si-Kristall besitzt also keine freien Elektronen, er ist ein Isolator. Bei steigender Temperatur führen die Atome immer heftigere Schwingungen aus. Dabei kommt es vor, dass einige Valenzelektronen so viel Energie aufnehmen, dass sie den Anziehungsbereich der Atome verlassen können. Diese Elektronen sind nicht mehr an die Atome gebunden, sie sind freie Elektronen. Diesen Vorgang, dass ein gebundenes Valenzelektron zu einem freien Elektron wird, bezeichnet man auch als *Generation*[2] eines freien Elektrons (B 11).

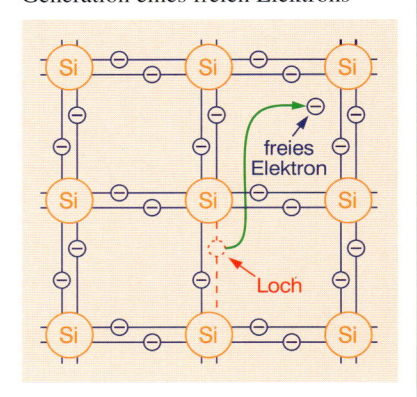

An der Stelle, wo das freie Elektron generiert wurde, fehlt nun ein Elektron für die Kristallbindung. Man sagt, es ist ein *Loch (Defektelektron)* entstanden.

Während sich die generierten freien Elektronen durch den Kristall bewegen, kommt es immer wieder vor, dass eines auf ein Loch trifft, Energie abgibt und wieder zu einem gebundenen Elektron wird. Diesen Vorgang bezeichnet man als *Rekombination*[3] (B 12).

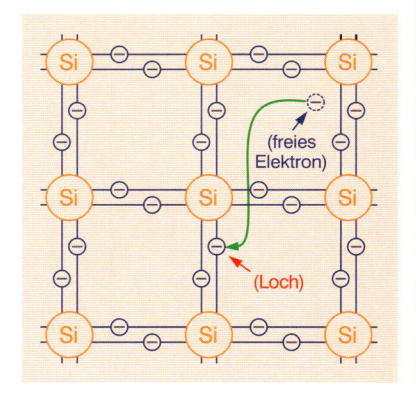

In einem Halbleiterkristall findet laufend sowohl Generation als auch Rekombination von freien Elektronen statt. Es stellt sich ein (dynamisches) Gleichgewicht zwischen Generation und Rekombination ein. Deshalb werden in einem Halbleiter auch nicht mit der Zeit alle Valenzelektronen zu freien Elektronen.

Bei einer bestimmten Temperatur enthält der Halbleiterkristall eine bestimmte Anzahl von freien Elektronen, die umso größer ist, je höher die Temperatur ist. Deshalb nimmt auch die Eigenleitung eines Halbleiters bei Temperaturerhöhung zu.

B 11
Generation eines freien Elektrons

B 12
Rekombination

---

1 val*e*ntia (lat.) Stärke, Kraft
2 gener*a*re (lat.) erzeugen
3 recombin*a*re (lat.) wieder vereinigen

B 13
Eierschachtelmodell für die Generation und Rekombination von freien Elektronen

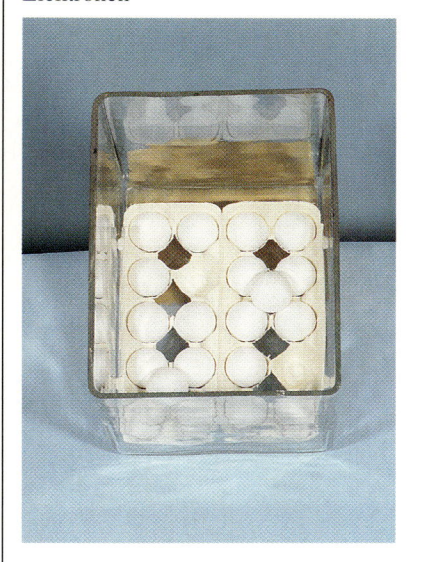

Wir können uns die Generation und Rekombination in einem Halbleiter an einem einfachen Modell verdeutlichen. Dazu legen wir kleine Kugeln in eine Eierschachtel, die sich in einem Glasgefäß befindet (B 13).

Die Kugeln sollen die Valenzelektronen symbolisieren, die sich im gebundenen Zustand befinden, solange sie sich in den Vertiefungen der Eierschachtel befinden. Die Erhöhung der Temperatur ahmen wir im Modell dadurch nach, dass wir das Glasgefäß hin und her schütteln. Dabei kommt es immer wieder vor, dass eine Kugel aus der Vertiefung hüpft (Generation). Es fallen aber auch immer wieder Kugeln in eine Vertiefung zurück (Rekombination). Je nach Heftigkeit des Schüttelns haben im Mittel mehr oder weniger Kugeln die Vertiefungen verlassen.

Freie Elektronen können auch durch Beleuchtung generiert werden. In diesem Fall wird die zur Generation benötigte Energie in Form von Licht zugeführt. Auch hier ist der Gleichgewichtszustand zwischen Generation und Rekombination von der Stärke der Beleuchtung abhängig. Im Kristall befinden sich im Mittel umso mehr freie Elektronen, je stärker beleuchtet wird. Deshalb nimmt die Eigenleitung eines Halbleiters bei Beleuchtung zu.

B 14
Elektronenleitung

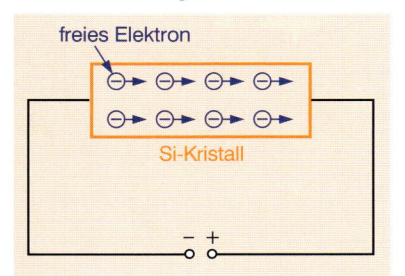

> **Durch Energiezufuhr (Erwärmen oder Beleuchten) nimmt die Eigenleitung eines Halbleiters zu.**

1.4.3 Elektronenleitung

Legt man an einen Halbleiterkristall die beiden Pole einer Stromquelle, so wandern die freien Elektronen vom Minus- zum Pluspol. Man spricht von *Elektronenleitung* (B 14).

B 15
Bewegung eines Lochs im Halbleiterkristall

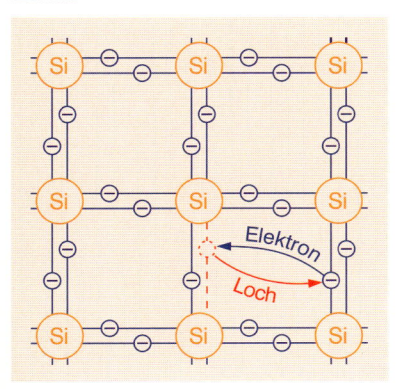

1.4.4 Löcherleitung

Aber auch ein Loch kann durch den Kristall wandern. Wenn ein benachbartes Valenzelektron in das Loch aufgenommen wird, verschwindet das Loch an dieser Stelle, dafür entsteht ein neues Loch an der Stelle, wo vorher das Valenzelektron war. Es sieht so aus, als hätte sich das Loch durch den Kristall bewegt (B 15).

In den meisten Fällen genügt die Vorstellung, dass sich die Löcher wie freie positive Ladungsträger durch den Kristall bewegen. Sie bewegen sich in technischer Stromrichtung vom Plus- zum Minuspol der Stromquelle. In diesem Fall spricht man von *Löcherleitung* (B 16).

> **In einem Halbleiter stellt sich ein Gleichgewichtszustand zwischen Generation und Rekombination ein. Die Eigenleitung eines Halbleiters entsteht dadurch, dass sich sowohl freie Elektronen als auch Löcher in unterschiedlicher Richtung durch den Kristall bewegen (Elektronen- bzw. Löcherleitung). Der Halbleiter enthält umso mehr freie Elektronen und Löcher, je höher seine Temperatur ist bzw. je stärker er beleuchtet wird.**

B 16
Löcherleitung

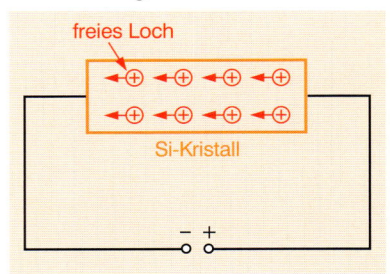

Schülerversuche

❶ Miss den Widerstand eines LDR bei verschiedener Beleuchtung.

❷ Baue die einfache Lichtschranke nach B 17 auf. Ordne das Lämpchen L_1 so an, dass es den LDR gut beleuchtet.
Überzeuge dich, dass man durch Unterbrechen des Lichtwegs L_1-LDR die Lampe L_2 ausschalten kann.
Erläutere die Wirkungsweise der Schaltung.

❸ In einem Wasserbad befindet sich ein Tauchsieder, ein Thermometer und ein NTC.
 a) Miss den Widerstand R des NTC bei verschiedenen Temperaturen ϑ.
 b) Zeichne das ϑ-R-Diagramm.
 c) Zwischen dem Widerstand R des NTC und der absoluten Temperatur T besteht in guter Näherung der exponentielle Zusammenhang:

$$R = R_1 \cdot 2^{B/T} \quad (*)$$

Bestimme die Konstanten R_1 und B für den NTC.
Zeige, dass die Messwerte die Beziehung (*) erfüllen.

B 17
Zum Schülerversuch ❷

Unsere Versuchsdaten:
$U_1 = 4$ V; $U_2 = 6$ V
L_1: 3,7 V/0,3 A; L_2: 1,2 V/0,015 A

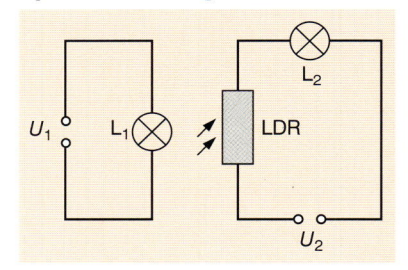

Aufgaben

❶ Was versteht man unter Generation und Rekombination bei Halbleitern?

❷ a) Wodurch entsteht die Eigenleitung in einem Halbleiter?
 b) Wie kann man die Eigenleitung eines Halbleiters beeinflussen?

❸ Zeichne analog zu B 9 den Aufbau eines Germaniumatoms.

❹ Welchen Gruppen des Periodensystems gehören die Elemente Gallium (Ga) und Arsen (As) an?

❺ Freie Elektronen legen in einem Halbleiter nur eine sehr kurze Strecke zurück bis sie rekombinieren.
Erläutere, warum bei einem Fotowiderstand die Anschlusselektroden kammförmig ineinander greifen (vergl. B 7a).

B 18
Zur Experimentierecke

Unsere Versuchsdaten:
$U = 9$ V;
L_1 bis L_4: 3,7 V/0,3 A
Alle NTC: 200 Ω

Experimentierecke

Brennt bei einer Reihenschaltung von vielen Glühlämpchen eines durch, so leuchtet keine Lampe mehr. Deshalb muss man meist sehr lange suchen um die defekte Lampe zu finden.
Die Schaltung nach B 18 macht es möglich, die defekte Lampe schnell zu finden. Simuliere das Durchbrennen einer Lampe, indem du diese in der Fassung etwas locker drehst. Nach kurzer Zeit wirst du erkennen, welches Lämpchen locker ist. Erkläre die Funktionsweise der Schaltung.

2 Störstellenleitung bei dotierten Halbleitern; Effekte an der pn-Grenzschicht von Halbleiterdioden

2.1 Dotieren von Halbleitern

Man kann die Leitfähigkeit eines Halbleiters dadurch erhöhen, dass man in den Kristallaufbau Fremdatome als Störstellen einbringt. Diesen Vorgang der gezielten Verunreinigung eines Halbleiters nennt man *Dotieren*[1].

2.1.1 n-Dotierung

B 1
n-Dotierung

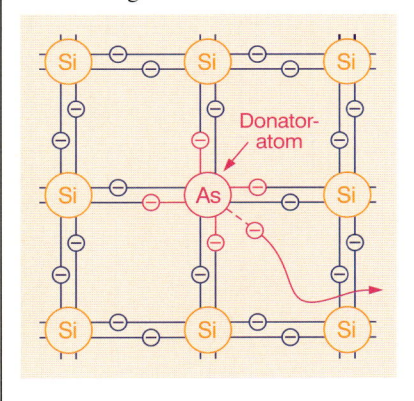

Wenn man in einem Halbleiterkristall, z. B. Silizium, ein Atom durch ein Fremdatom aus der Gruppe V des Periodensystems, z. B. Arsen, ersetzt, so werden für die Kristallbindung nur vier der fünf Valenzelektronen des Fremdatoms benötigt. Das fünfte Valenzelektron ist so schwach an das Fremdatom gebunden, dass es bei Zimmertemperatur bereits genügend Energie aufgenommen hat um die Bindung zu verlassen; es ist ein Leitungselektron (B 1). Da das Fremdatom ein Elektron abgibt, bezeichnet man es auch als *Donator*[2]. Die Dotierung mit Donatoren schafft freie negative Ladungsträger, man spricht deshalb von *n-Dotierung*. Der Halbleiter wird zu einem *n-Leiter*.

Man erhält etwa so viele Leitungselektronen wie Donatoren im Kristall. Die Leitfähigkeit lässt sich damit je nach dem Grad der Dotierung beeinflussen. Bei der üblichen n-Dotierung trifft ein Donator auf etwa 10^6 Si-Atome.

2.1.2 p-Dotierung

B 2
p-Dotierung

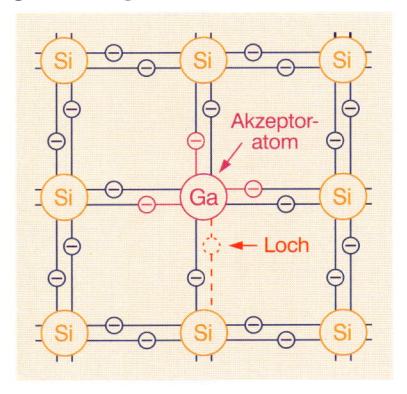

Wählt man ein Element der Gruppe III des Periodensystems, z. B. Gallium, als Fremdatom, so fehlt für die Kristallbindung ein Elektron, da Gallium nur 3 Valenzelektronen besitzt (B 2). Es entsteht ein Loch, das bei Zimmertemperatur frei beweglich ist (s. 1.4.4). In dieses Loch können benachbarte Valenzelektronen aufgenommen werden. Das Galliumatom heißt deshalb auch *Akzeptor*[3].

Da diese Art der Dotierung frei bewegliche Löcher schafft, die sich wie positive Ladungsträger verhalten (Löcherleitung), spricht man von *p-Dotierung*. Der Halbleiter wird zu einem *p-Leiter*. Bei der üblichen p-Dotierung treffen auf einen Akzeptor etwa 10^6 Si-Atome.

---

1 dot*are* (lat.) ausstatten
2 don*are* (lat.) schenken
3 accept*are* (lat.) empfangen

> **Die Leitfähigkeit von Halbleitern wird durch Dotieren wesentlich verbessert. Der Halbleiter wird zum n-Leiter (p-Leiter), wenn man Donatoren (Akzeptoren) in den Halbleiter als Fremdatome einbringt.**
> **Donatoren besitzen fünf, Akzeptoren drei Valenzelektronen.**

2.2 Störstellenleitung

In einem dotierten Halbleiter treten zwei Arten von freien Ladungsträgern auf. So wird die Leitfähigkeit in einem n-Leiter hauptsächlich von den freien Elektronen, die von den Donatoren herstammen, verursacht. Diese Elektronen heißen auch *Majoritätsträger*[1]. In geringer Anzahl tragen aber auch noch die wegen der Eigenleitung (s. 1.3) entstandenen Elektronen und Löcher zur Leitung im n-Leiter bei. Diese Löcher werden auch als *Minoritätsträger*[2] bezeichnet.
Legt man an einen dotierten Halbleiter eine Spannung an, so fließt Strom aufgrund der Bewegung von Majoritäts- und Minoritätsträgern. Die Leitung des elektrischen Stroms, die durch die Majoritätsträger bewirkt wird, heißt *Störstellenleitung*.

R-Aufgabe
Was sind in einem p-Leiter die Majoritäts- bzw. Minoritätsträger?

> **Die durch Dotierung verursachte Leitung des elektrischen Stroms heißt Störstellenleitung.**

2.3 Effekte an der pn-Grenzschicht von Halbleiterdioden

2.3.1 Sperrschicht am pn-Übergang

In der Halbleiterherstellung ist es möglich, Halbleiter so zu dotieren, dass ein n-Leiter in engem Kontakt mit einem p-Leiter steht; es entsteht ein *pn-Übergang* (B 3). In B 3 sind nur die Majoritätsträger gezeichnet; es sieht deshalb so aus, als wäre der n-Leiter negativ und der p-Leiter positiv geladen. Wir müssen uns aber im Klaren sein, dass sowohl der n-Leiter als auch der p-Leiter nach außen hin neutral sind. Im n-Leiter kommen die Majoritätsträger (Elektronen) von den Donatoren. Zu jedem Majoritätsträger ist deshalb auch jeweils eine positive Ladung im Atomrumpf eines Donators vorhanden; diese positiven Ladungen sind in B 3 als hellrote Fläche dargestellt. Im p-Leiter entsteht ein Majoritätsträger – ein frei bewegliches Loch –, wenn ein Akzeptor ein Elektron von einem benachbarten Siliziumatom aufnimmt; dadurch wird der Akzeptor zu einem negativ geladenen Atom. Diese negative Ladung gleicht jeweils die positive Ladung an der Stelle des Majoritätsträgers aus. B 3 zeigt die von den Akzeptoren aufgenommenen Ladungen als hellblaue Fläche.
Die durch die Temperatur bedingte Bewegung der Majoritätsträger führt dazu, dass Elektronen in den p-Leiter und Löcher in den n-Lei-

B 3
pn-Übergang

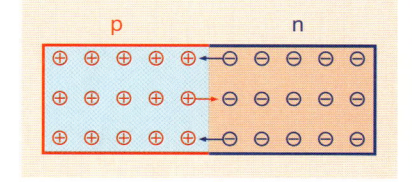

---
1 m*a*ior (lat.) größer
2 m*i*nor (lat.) kleiner

B 4
Sperrschicht am pn-Übergang

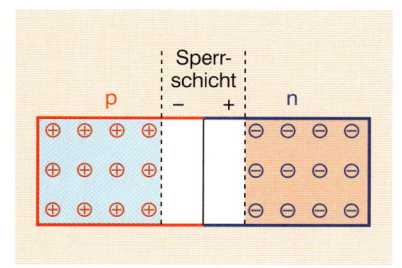

R-Aufgabe

Wie erklärt sich die negative Aufladung des p-Leiters bzw. die positive des n-Leiters (s. B 4)?

R-Aufgabe

Wieso werden die Löcher und die Elektronen nicht vollständig durch die angelegte Spannung abgesaugt?

R-Aufgabe

Vergleiche in B 6 die Polung der Spannung U mit der der Antidiffusionsspannung.

ter eindringen (*diffundieren*[1]). Dabei kommt es zu Rekombinationen und es entsteht im Übergangsbereich vom p- zum n-Leiter eine Schicht, in der nahezu keine freien Ladungsträger mehr vorhanden sind. Man bezeichnet eine solche Schicht als *Sperrschicht*, da sie den elektrischen Strom nicht leitet (B 4).

Die in den p-Leiter diffundierten Elektronen laden diesen negativ auf, sodass es für weitere Elektronen immer schwieriger wird, in den p-Leiter zu diffundieren. Entsprechendes gilt für die Löcher und den n-Leiter. Zwischen p- und n-Leiter baut sich eine Spannung, die *Antidiffusionsspannung*, auf, die mit der Zeit die Diffusion der Majoritätsträger verhindert. Dann hat die Sperrschicht eine bestimmte Breite erreicht.

Am pn-Übergang bildet sich eine Sperrschicht aus, die nahezu keine frei beweglichen Ladungsträger mehr enthält.

2.3.2 Sperr- und Durchlassrichtung bei Halbleiterdioden

Während wir bisher die Verhältnisse am pn-Übergang ohne angelegte Spannung betrachtet haben, denken wir uns jetzt den Minuspol der Stromquelle mit dem p-Leiter, den Pluspol mit dem n-Leiter verbunden (B 5). Positive Löcher wandern zum Minuspol, Elektronen zum Pluspol; die Sperrschicht wird breiter. Es kann also kein Strom durch den Halbleiter fließen. Er ist *in Sperrrichtung gepolt*.

B 5
pn-Übergang in Sperrrichtung gepolt

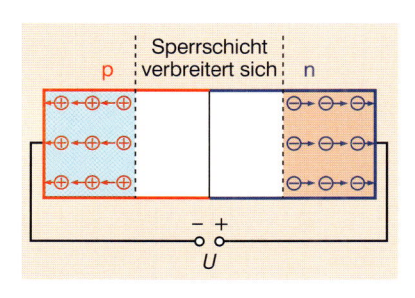

B 6
pn-Übergang in Durchlassrichtung gepolt

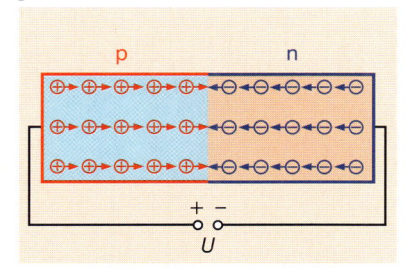

Polen wir die Stromquelle um (B 6) und lassen ihre Spannung U von null beginnend anwachsen, so werden vom n-Leiter her Elektronen und vom p-Leiter her Löcher in die Sperrschicht gedrängt. Die Sperrschicht wird dünner und ist schließlich ganz verschwunden, wenn U größer ist als die Antidiffusionsspannung.
Jetzt kann ein elektrischer Strom durch den Halbleiter fließen. Der pn-Übergang ist *in Durchlassrichtung gepolt*.
Halbleiter mit einem pn-Übergang bezeichnet man als *Halbleiterdioden*, weil sie wie Hochvakuumdioden (s. Physik 10A; 10.1) den elektrischen Strom nur in einer Richtung durchlassen.

---

[1] diff*un*dere (lat.) auseinander gießen, ausbreiten

B 7 zeigt das Schaltsymbol einer Halbleiterdiode; der Pfeil gibt dabei die technische Stromrichtung an, wenn die Diode in Durchlassrichtung geschaltet ist. B 8 zeigt die technische Ausführung einer Silizium- und einer Germaniumdiode.

Versuch (B 9): Wir betreiben eine Siliziumhalbleiterdiode in Sperr- und Durchlassrichtung.
In Sperrrichtung beobachten wir (fast) keinen Strom.
Steigern wir in Durchlassrichtung langsam die Spannung U der Stromquelle, so beobachten wir, dass Strom fließt, wenn U größer wird als die Antidiffusionsspannung (etwa 0,5 V).
Der Widerstand R verhindert, dass bei höherer Spannung U die Stromstärke durch die Diode zu groß wird. Der Halbleiter würde sonst wegen der Wärmewirkung des elektrischen Stroms schmelzen und die Diode zerstört werden.

> **Dioden sind Halbleiter mit einem pn-Übergang. Sie lassen den elektrischen Strom nur in einer Richtung durch. Die Diode ist in Durchlassrichtung geschaltet, wenn der Pluspol der Stromquelle mit dem p-Leiter und der Minuspol mit dem n-Leiter verbunden ist.**

B 7
Schaltsymbol einer Halbleiterdiode

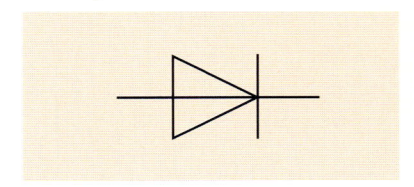

B 8
Technische Ausführung einer Silizium- und einer Germaniumdiode

Der Ring um das Gehäuse entspricht dem senkrechten Strich im Schaltsymbol, der Pfeil wird meistens weggelassen.

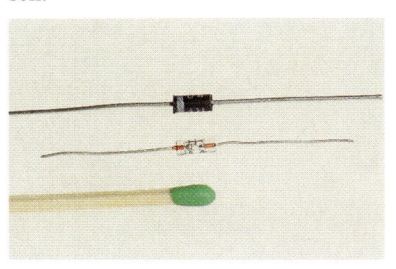

B 9
Sperr- und Durchlassrichtung einer Halbleiterdiode

a) Anordnung

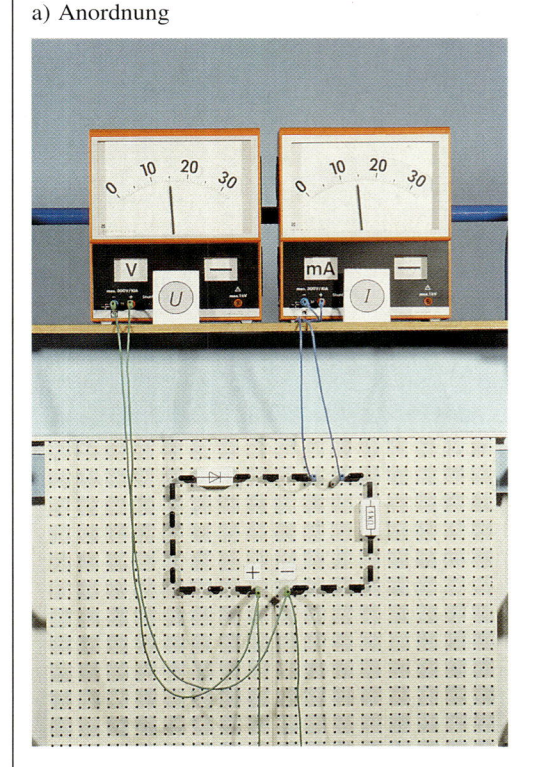

b) Schaltbild

Unsere Versuchsdaten:
$R = 1\,\text{k}\Omega$; $U = 0...25\,\text{V}$

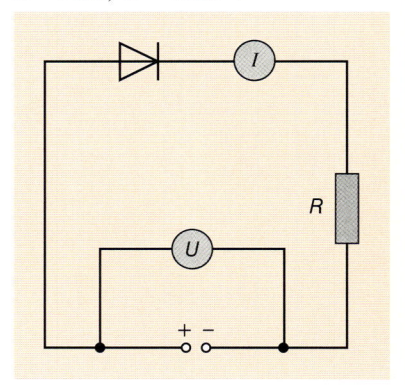

R-Aufgabe

Welcher Strom der Stärke I kann im Versuch zu B 9 höchstens durch die Diode fließen, wenn $U = 25\,\text{V}$ ist?

Schülerversuche

❶ Stelle bei verschiedenen Halbleiterdioden die Sperr- und die Durchlassrichtung fest.

❷ Germaniumdioden werden meist in einem Glasgehäuse untergebracht. Beleuchte bzw. erwärme das Gehäuse bei einer in Sperrrichtung gepolten Germaniumdiode und untersuche mit einem empfindlichen Strommessgerät den dabei fließenden Sperrstrom.

Aufgaben

❶ Welche Leiterart entsteht, wenn Silizium mit Phosphor bzw. Indium dotiert wird?

❷ Was versteht man unter Störstellenleitung bei einem p-Leiter?

❸ Vergleiche die Stromleitung in Metallen, die Eigenleitung und die Störstellenleitung miteinander.

❹ Gibt es in einem p-Leiter auch freie Elektronen?

❺ Entscheide in B 10 jeweils, ob Strom fließt oder nicht.

B 10
Zur Aufgabe ❺

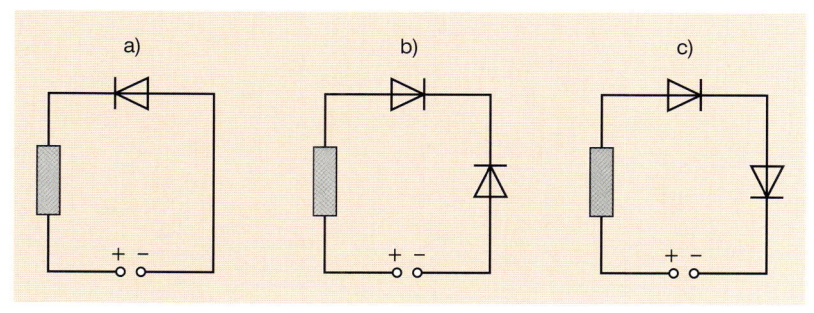

❻ Germaniumdioden befinden sich meist in kleinen Glasröhrchen. Beleuchtet man den pn-Übergang einer in Sperrrichtung gepolten Germaniumdiode, so kann man einen Sperrstrom messen, der umso größer ist, je stärker man beleuchtet (s. a. Schülerversuch ❷).
Erkläre diese Tatsache.

B 11
Einweggleichrichtung

Bei „roter Polung" kein Stromfluss

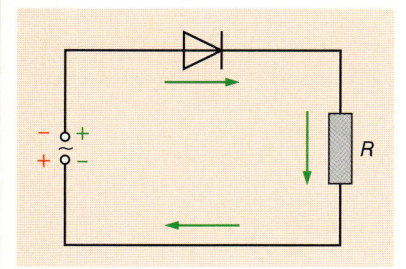

R-Aufgabe

Warum ist die Spannung an R in B 11 proportional zur Stromstärke durch R?

2.3.3 Gleichrichtung von Wechselstrom mit Halbleiterdioden

Da Dioden den elektrischen Strom nur in einer Richtung durchlassen, kann man sie zum Gleichrichten von Wechselstrom verwenden.

a) Einweggleichrichtung

Versuch (B 11): Wir bauen einen Stromkreis mit einer Diode, einem Widerstand und einer Wechselstromquelle auf. Jedesmal wenn die Wechselspannung so gepolt ist, dass oben (B 11) ein Pluspol entsteht (positive Halbperiode), so ist die Diode in Durchlassrichtung gepolt und es kann Strom fließen (grüne Pfeile). Im anderen Fall (negative Halbperiode) sperrt die Diode, es fließt kein Strom.

Im Stromkreis fließt damit insgesamt pulsierender Gleichstrom, der am Widerstand eine dazu proportionale Spannung erzeugt, deren zeitlichen Verlauf wir mit einem Oszilloskop beobachten können (B 12).

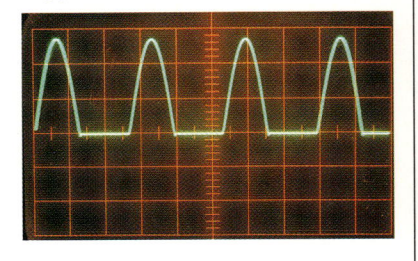

Verwendet man ein Zweikanaloszilloskop, so kann man gleichzeitig zur pulsierenden Gleichspannung am Widerstand auch noch die angelegte Wechselspannung beobachten. Man erkennt dann besonders gut, dass nur die positive Halbperiode von der Diode durchgelassen wird (B 13). Deshalb spricht man in diesem Fall von *Einweggleichrichtung*.

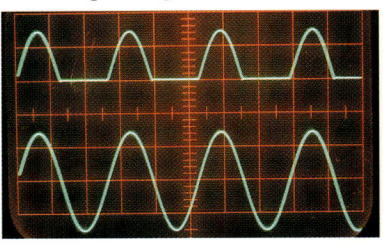

b) Brückengleichrichtung

Bei der Einweggleichrichtung wird nur eine Halbperiode der angelegten Wechselspannung ausgenützt. Bei der *Brückengleichrichtung* mit der *Brückenschaltung nach Graetz*[1] werden beide Halbperioden ausgenützt (B 14). Bei der positiven Halbperiode fließt der Strom in der grün gezeichneten Richtung, bei der negativen Halbperiode in der rot gezeichneten. Man erkennt, dass der Strom durch den Widerstand immer dieselbe Richtung hat. Der Widerstand wird also von Gleichstrom durchflossen, dessen zeitlichen Verlauf man an einem Oszilloskop sichtbar machen kann (B 15).

Die negative Halbperiode wird durch die Brückengleichrichtung nach oben geklappt und nicht wie bei der Einweggleichrichtung einfach abgeschnitten.

B 12
Pulsierende Gleichspannung bei Einweggleichrichtung

B 13
Gleichspannung bei Einweggleichrichtung im Vergleich zur angelegten Wechselspannung

B 14
Brückenschaltung

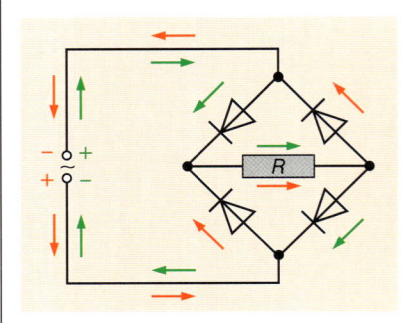

B 15
Pulsierende Gleichspannung bei der Brückengleichrichtung

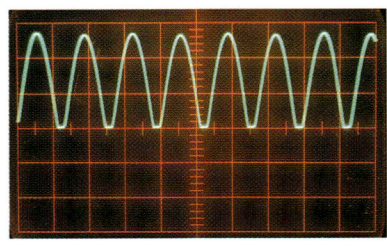

B 16
Brückengleichrichter mit Leuchtdioden

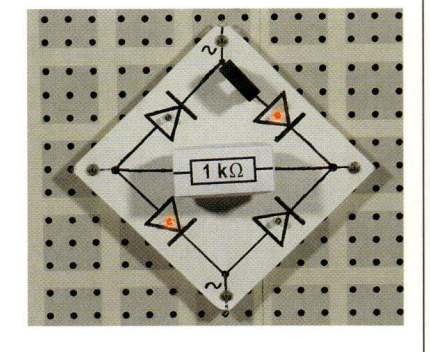

Verwendet man für die vier Dioden der Brückenschaltung Leuchtdioden (s. 3.2) und eine Wechselspannung niedriger Frequenz, so kann man am Aufleuchten der in Durchlassrichtung gepolten Dioden gut verfolgen, wie immer abwechselnd je zwei gegenüberliegende Dioden den Strom leiten (B 16).

---

[1] *Graetz, Leo,* 1856–1941, dt. Physiker

B 17
Zur Aufgabe ❶

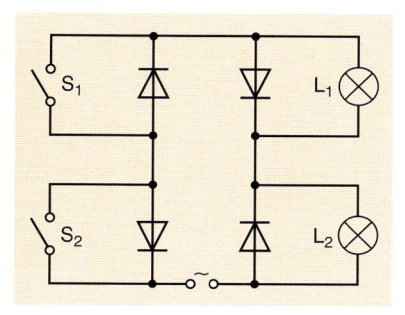

B 18
Zur Aufgabe ❷

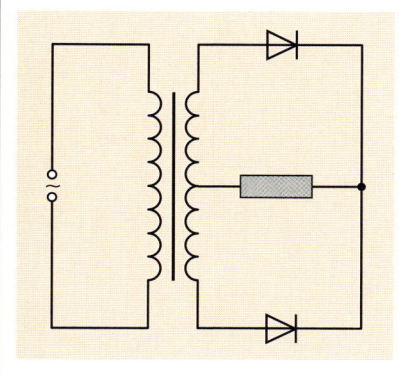

Schülerversuch

❶ Baue mit Halbleiterdioden einen Einweg- und einen Brückengleichrichter auf und untersuche jeweils die Gleichrichterwirkung.

Aufgaben

❶ Erkläre in der Schaltung von B 17 folgende Beobachtungen:
 a) S_1 schaltet nur L_1
 b) S_2 schaltet nur L_2

❷ B 18 zeigt das Schaltbild einer Zweiweggleichrichtung mit einem Transformator und zwei Dioden.
 a) Untersuche den Stromverlauf durch den Widerstand für zwei aufeinander folgende Halbperioden der angelegten Wechselspannung.
 b) Skizziere den zeitlichen Verlauf der am Widerstand anliegenden Spannung.

3 Spezielle Dioden

3.1 Diodenkennlinien

Die Eigenschaften einer Diode lassen sich gut an ihrer Kennlinie ablesen. Hierbei wird der durch die Diode fließende Strom in Abhängigkeit von der an der Diode anliegenden Spannung dargestellt.

Versuch (B 1): Zur Aufnahme der *Kennlinie einer Diode* legen wir verschiedene Spannungen an und messen jeweils die zugehörige Stromstärke. Für eine Siliziumdiode erhalten wir z. B. die folgenden Messwerte, wenn die Diode in Durchlassrichtung geschaltet ist. Ist sie in Sperrrichtung geschaltet, so erhalten wir keinen Strom.

$\dfrac{U}{V}$	0	0,20	0,41	0,50	0,52	0,55	0,60	0,65	0,70	0,75
$\dfrac{I}{mA}$	0	0	0	0,17	0,25	0,49	1,2	4,1	11	33

Trägt man die Messwerte in ein *U-I*-Diagramm ein, so erhält man die Kennlinie einer Siliziumdiode (B 2). Hierbei bedeutet eine negative Spannung, dass die Diode in Sperrrichtung gepolt ist.

B 1
Schaltung zur Aufnahme einer Diodenkennlinie

Unsere Versuchsdaten:
$R = 1\,k\Omega$; U_0: 0…35 V

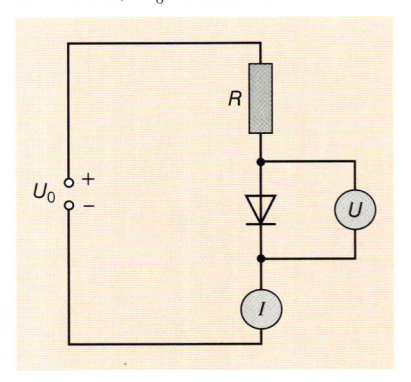

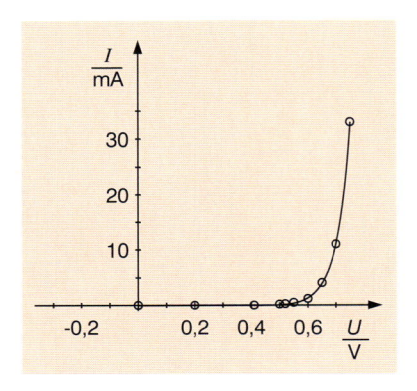

B 2
Kennlinie einer Siliziumdiode

R-Aufgabe
Wozu ist in der Schaltung von B 1 der Widerstand notwendig?

Solange die Diode in Sperrrichtung gepolt ist, fließt kein Strom, da am pn-Übergang eine Sperrschicht vorhanden ist. Ist die Diode in Durchlassrichtung gepolt, so fließt erst ein Strom, wenn die Sperrschicht vollständig abgebaut ist. Dies ist dann der Fall, wenn die Spannung U an der Diode größer ist als die Antidiffusionsspannung, in unserem Fall also etwa ab 0,50 V. Dann sinkt der Widerstand der Diode sehr stark ab. Dies erkennt man daran, dass bei nur geringer Erhöhung der Spannung an der Diode die Stromstärke durch die Diode stark anwächst.

R-Aufgabe
Gilt für eine Siliziumdiode das Gesetz von Ohm?

B 3
Aufnahme einer Diodenkennlinie mit dem Oszilloskop

Unsere Versuchsdaten:
$R = 100\,\Omega$; U_0: 0...5 V

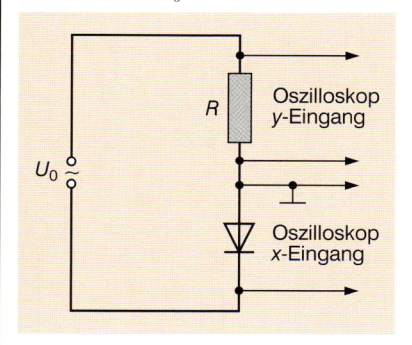

Versuch (B 3): Da die punktweise Aufnahme einer Diodenkennlinie recht mühsam ist, nehmen wir sie im Folgenden mit einem Oszilloskop auf. Die Spannung an der Diode legen wir an die x-Ablenkung; die zur Stromstärke durch die Diode proportionale Spannung legen wir an die y-Ablenkung. Wir betreiben die Schaltung mit einer variablen sinusförmigen Wechselspannung. Erhöhen wir diese Wechselspannung von null ausgehend immer mehr, so erkennen wir, wie auf dem Schirm des Oszilloskops schließlich die uns schon bekannte Kennlinie der Siliziumdiode entsteht (B 4).

> **Die Diodenkennlinie stellt den durch die Diode fließenden Strom in Abhängigkeit von der an der Diode anliegenden Spannung dar und gibt Aufschluss über das elektrische Verhalten der Diode.**

R-Aufgabe

Erläutere die Wirkungsweise der Schaltung in B 3.

❶ Nimm mit einer Schaltung nach B 1 die Kennlinie einer Silizium- und einer Germaniumdiode auf.

Schülerversuch

B 4
Kennlinie einer Siliziumdiode am Oszilloskop

Unsere Versuchsdaten:
x-Ablenkung: 0,2 Vcm^{-1}
y-Ablenkung: 1 Vcm^{-1}
Der Ursprung des Koordinatensystems liegt in der Bildmitte.

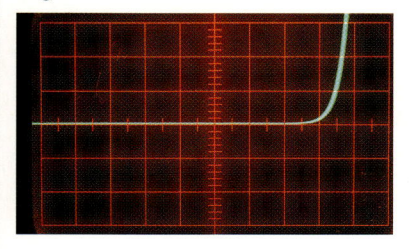

❶ a) Vergleiche die Kennlinie einer Siliziumdiode (B 4) mit der einer Germaniumdiode (B 5).
b) Erläutere: Zum Gleichrichten kleiner Wechselspannungen sind Siliziumdioden ungeeignet.

❷ Eine Siliziumdiode ist mit dem begrenzenden Widerstand $R = 100\,\Omega$ in Reihe geschaltet (B 6a). Als Spannung U_1 wird eine Dreieckspannung (B 6b) gewählt.
Skizziere den zeitlichen Verlauf der Teilspannung U_2 am Widerstand.

Aufgaben

B 5
Zur Aufgabe ❶

Unsere Versuchsdaten:
x-Ablenkung: 0,2 Vcm^{-1}
y-Ablenkung: 1 Vcm^{-1}

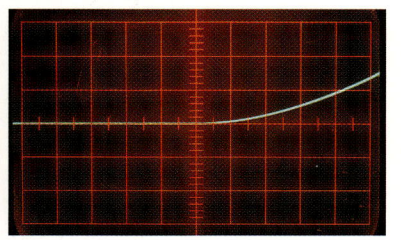

B 6
Zur Aufgabe ❷

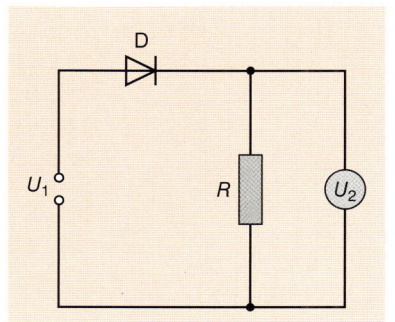

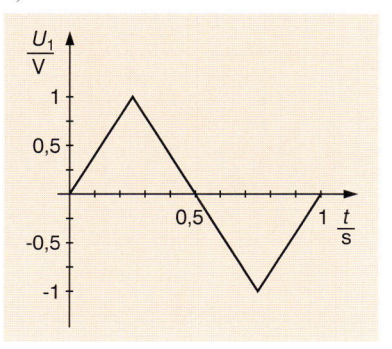

❸ Berechne die Teilspannungen an den Widerständen in der Schaltung von B 7, wenn gilt:
$R_1 = 60{,}0\ \Omega$; $R_2 = 40{,}0\ \Omega$; $R_3 = 20{,}0\ \Omega$; $R_4 = 30{,}0\ \Omega$; $U = 24{,}0$ V
Bei den Dioden D_1 und D_2 handelt es sich um Siliziumdioden.

(11,7 V; 7,77 V; 3,88 V; 0)

B 7
Zur Aufgabe ❸

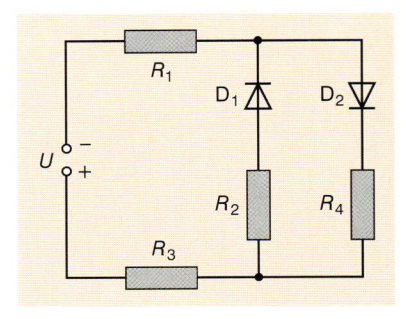

3.2 Leuchtdiode

Bei *Leuchtdioden* verwendet man nicht Silizium, sondern Gallium-Arsenid, Gallium-Arsenid-Phosphid oder Gallium-Phosphid mit unterschiedlicher Dotierung. Leuchtdioden werden in Durchlassrichtung betrieben. Wenn dabei Löcher und Elektronen rekombinieren, wird Energie frei, die in Form von Licht abgestrahlt wird. Je nach Halbleitermaterial und Dotierung leuchtet die Diode in unterschiedlichen Farben.
B 8 zeigt eine Leuchtdiode, ihr Schaltsymbol und ihre Kennlinie.

B 8
Leuchtdiode

a) Ansicht b) Schaltsymbol 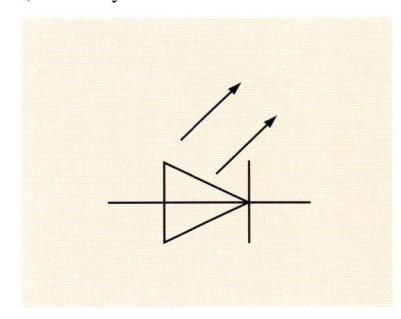 c) Kennlinie

Unsere Versuchsdaten:
x-Ablenkung: 0,5 Vcm^{-1}
y-Ablenkung: 1 Vcm^{-1}
Ursprung: Bildmitte

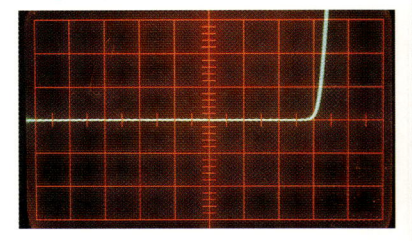

Leuchtdioden werden hauptsächlich als Signallämpchen zur Anzeige bei verschiedenen elektrischen Geräten (B 9) und bei Lichtschranken verwendet. Gegenüber Glühlämpchen haben Leuchtdioden den Vorteil einer längeren Lebensdauer und eines geringeren Stromverbrauchs, sind kaum empfindlich gegen Erschütterung und haben eine sehr kurze Ansprechzeit (s. a. Physikalisches aus der Technik).

B 9
Anzeige der verschiedenen Zustände beim Betrieb eines Modems[1] mit Leuchtdioden

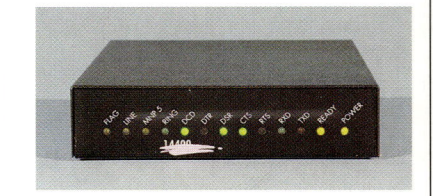

> **Bei einer Leuchtdiode wird elektrische Energie in Licht umgewandelt.**

Aufgabe

❶ Leuchtdioden werden meist mit einer Stromstärke von 20 mA betrieben. Die Leuchtdiode, deren Kennlinie in B 8c dargestellt ist, soll an eine Stromquelle der Spannung 6,0 V angeschlossen werden.
Berechne den dazu nötigen Vorwiderstand.

(0,22 kΩ)

---
1 Ein Modem ist ein Gerät zur Datenübertragung über die Telefonleitung; von *Mod*ulator und *Dem*odulator

B 10
Kennlinie einer Fotodiode
(1) schwache,
(2) starke Beleuchtung

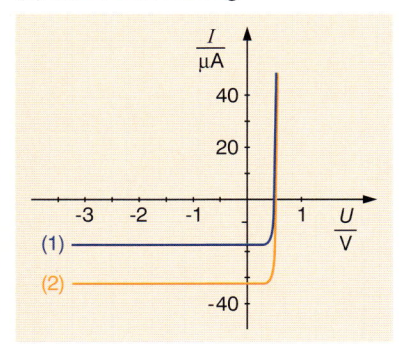

B 11
Vorgänge im Halbleiterkristall einer Fotodiode

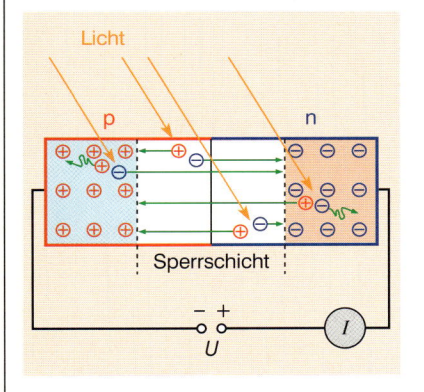

B 13
Fotoelement als Stromquelle

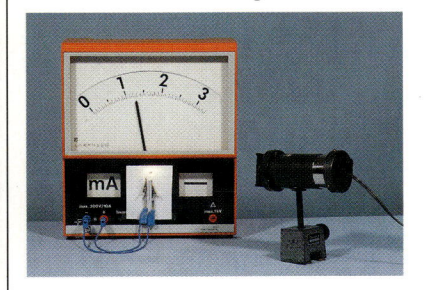

3.3 Fotodiode

Bei einer *Fotodiode* ist der Halbleiterkristall so angebracht, dass er von außen beleuchtet werden kann. B 10 zeigt die Kennlinie einer Fotodiode bei schwacher (1) und starker (2) Beleuchtung.

Wir erkennen, dass bei einer Fotodiode auch ein Strom fließt, wenn sie in Sperrrichtung gepolt ist. Dieser *Sperrstrom (Fotostrom)* ist umso größer, je stärker die Beleuchtung ist. Der Sperrstrom kommt dadurch zustande, dass bei Beleuchtung im Halbleiterkristall Elektronen-Löcher-Paare erzeugt werden. Die freien Elektronen wandern zum Pluspol, die freien Löcher zum Minuspol der Stromquelle (B 11).
B 12 zeigt eine Fotodiode und das zugehörige Schaltsymbol.

B 12
Fotodiode

a) Ansicht

b) Schaltsymbol

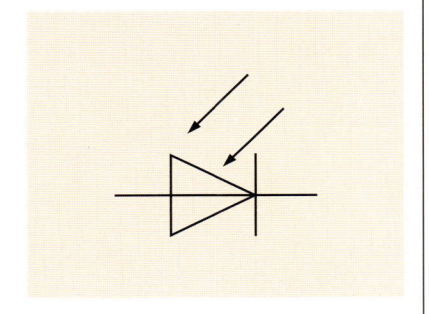

Versuch (B 13): Wir schließen eine Fotodiode an ein Strommessgerät an. Wenn wir die Fotodiode beleuchten, so fließt Strom durch das Messgerät, obwohl keine zusätzliche Stromquelle vorhanden ist. Hier wirkt die Fotodiode selbst als Stromquelle. Sie liefert den durch das Messgerät fließenden Strom. Eine Fotodiode, die ohne Stromquelle betrieben wird, heißt auch *Fotoelement*.

Bei einem Fotoelement werden durch Lichteinfall freie Elektronen-Löcher-Paare erzeugt. Befindet sich ein solches Paar in der Nähe oder innerhalb der Sperrschicht, so wird es wegen der dort anliegenden Antidiffusionsspannung getrennt. Das Elektron wandert zum n-Leiter, das Loch zum p-Leiter. Der n-Leiter wird dadurch negativ, der p-Leiter positiv. Das Fotoelement wird zu einer Stromquelle.

In Fotoelementen wird Licht in elektrische Energie umgewandelt. Viele Geräte beziehen ihren Strom aus Fotoelementen, z. B. Taschenrechner, Solararmbanduhren, Impulsgeräte für elektrische Weidezäune, Satelliten (s. a. Physikalisches aus der Technik).

> **Ein Fotoelement wandelt Licht in elektrische Energie um.**

Schüler-versuche

❶ Untersuche die an einem Fotoelement anliegende Spannung bei unterschiedlicher Belastung, aber konstanter Beleuchtung.
Ermittle die maximal vom Fotoelement abgegebene Leistung.

❷ Baue einfache Modelle, die mithilfe von Fotoelementen betrieben werden.

3.4 Zenerdiode

B 14
Zenerdiode
a) Ansicht   b) Schaltsymbol

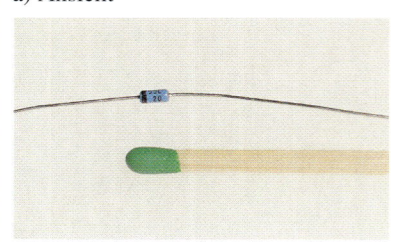

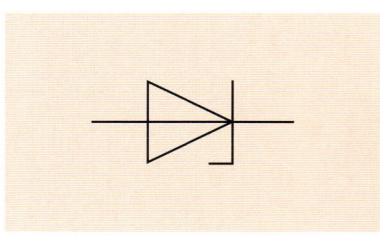

B 15
Kennlinie einer Zenerdiode

Unsere Versuchsdaten:
x-Ablenkung: $2\,\text{V}\,\text{cm}^{-1}$
y-Ablenkung: $1\,\text{V}\,\text{cm}^{-1}$
Ursprung: Bildmitte

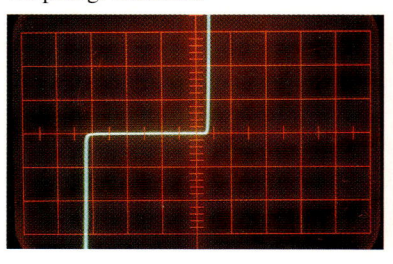

Versuch: Wir nehmen mit dem Oszilloskop die Kennlinie einer *Zenerdiode*[1] (B14) auf. Dabei erhalten wir die Kennlinie von B 15. Dieser entnehmen wir, dass eine in Sperrrichtung gepolte Zenerdiode ab einer bestimmten Spannung leitend wird. Man sagt, es kommt zum *Durchbruch*.

Es gibt zwei Gründe für dieses Verhalten:

<u>1. Zenereffekt</u>

Durch die anliegende Sperrspannung wirken auf die Valenzelektronen in der Sperrschicht so große Kräfte, dass sie aus ihrer Bindung an das entsprechende Atom herausgerissen werden. Es entstehen dadurch Elektronen und Löcher, die die Sperrschicht leitend machen, sodass ein Sperrstrom fließen kann.

<u>2. Lawineneffekt</u>

Die durch den Zenereffekt erzeugten freien Elektronen werden durch die anliegende Sperrspannung so stark beschleunigt, dass sie durch Stöße Valenzelektronen aus ihrer Bindung herausschlagen. Es kommt zu einer lawinenartigen Vermehrung von freien Ladungsträgern in der Sperrschicht, deren Widerstand dadurch sehr stark verkleinert wird.
In Durchlassrichtung verhält sich eine Zenerdiode wie eine Siliziumdiode.

R-Aufgaben

1. Bei welcher Sperrspannung wird die im Versuch zu B 15 verwendete Zenerdiode leitend?
2. Woran erkennt man an der Kennlinie der Zenerdiode die starke Verminderung des Sperrschichtwiderstandes beim Durchbruch?

---

[1] *Zener, Clarence Melvin*, geb. 1905, amerik. Physiker

B 16
Spannungsstabilisierung mit einer Zenerdiode

Unsere Versuchsdaten:
$R = 220\,\Omega$; U_1: 0...20 V;
D: ZPD 6,3

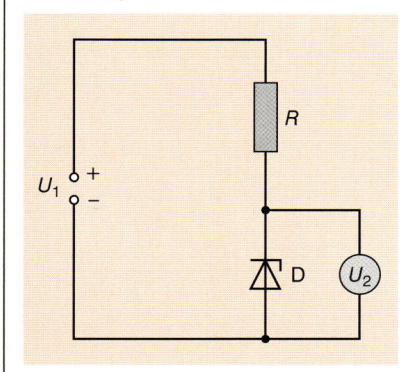

Da die Kennlinie einer Zenerdiode im Durchbruchbereich sehr steil, ja fast senkrecht verläuft, ist die Spannung an dieser Diode nahezu konstant. Man verwendet sie deshalb häufig zur *Spannungsstabilisierung*.

Versuch (B 16): Wir erhöhen langsam die Eingangsspannung U_1 und beobachten das Spannungsmessgerät, das die Ausgangsspannung U_2 misst. Dabei stellen wir fest, dass U_2 immer mehr ansteigt, bis die Zenerdiode durchbricht. Dann ändert sich U_2 nicht mehr.

Wenn wir jetzt U_1 laufend etwas verringern (die Zenerdiode muss dabei im Durchbruch bleiben) und dann wieder vergrößern, so erkennen wir, dass sich U_2 nicht ändert. Mit dieser Schaltung kann man also eine schwankende Eingangsspannung stabilisieren.

> **Zenerdioden werden hauptsächlich zur Spannungsstabilisation verwendet.**

Schülerversuch

❶ Führe den Versuch zu B 16 selbst durch.

Aufgaben

❶ Der bei einer Zenerdiode fließende Sperrstrom führt zu einer Erwärmung der Diode. Die an ihr entstehende Wärmeleistung (Verlustleistung) erhält man als Produkt aus der an der Diode anliegenden Spannung und der Stromstärke des durch sie hindurchfließenden Stroms.
Berechne die Verlustleistung an der Zenerdiode im Versuch zu B 16, wenn $U_1 = 20$ V ist und der Durchbruch bei der Spannung 6,3 V erfolgt.

   (0,39 W)

❷ Die Zenerdiode von B 15 wird über einen Widerstand an eine dreieckförmige Wechselspannung U gelegt (B 17). Die an der Diode anliegende Spannung wird mit einem Oszilloskop untersucht.
Skizziere den zeitlichen Verlauf der am Oszilloskop dargestellten Spannung.

B 17
Zur Aufgabe ❷

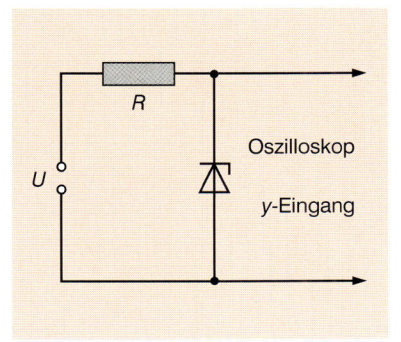

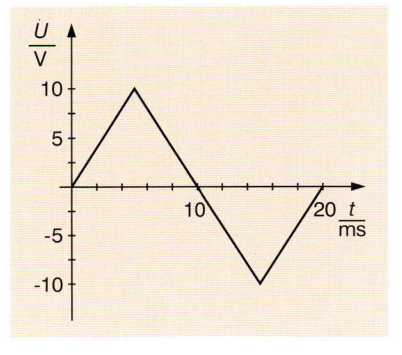

Experimentierecke

B 18
Zur Experimentierecke

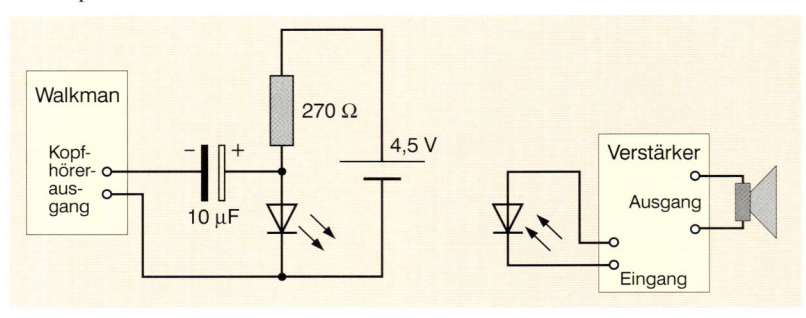

Die Übertragung von Sprache und Musik mithilfe von Licht kann man mit einer Leuchtdiode und einem Fotoelement leicht selbst ausprobieren. Mit der Schaltung in B 18 erreicht man eine Übertragungsstrecke von einigen Metern, wenn man eine „superhelle" LED verwendet und das von ihr ausgehende Licht mit einer Linse bündelt.

Physikalisches aus der Technik

Foto- und Leuchtdioden in der technischen Anwendung

Da der Sperrstrom einer Fotodiode von der Beleuchtungsstärke abhängig ist, werden Fotodioden häufig in *Belichtungsmessern* verwendet. Auch bei Lichtschranken findet man oft statt eines LDR eine Fotodiode.

Bei der *Infrarot-Fernbedienung* vieler Geräte der Unterhaltungselektronik werden ebenfalls Fotodioden eingesetzt. Hierbei senden Leuchtdioden, die sich in der Fernbedienung befinden, infrarotes Licht aus (B 19). Dieses für das menschliche Auge unsichtbare Licht trifft dann auf eine oder mehrere Fotodioden am Gerät. Der dabei auftretende Sperrstrom dient zur Steuerung verschiedener Vorgänge, z. B. der Erhöhung der Lautstärke beim Fernseher.

Auch Musik und Sprache kann man mithilfe von Leucht- und Fotodioden übertragen. So gibt es bereits *Infrarot-Kopfhörer*, die statt mit einem Kabel mit Fotodioden ausgestattet sind. Dadurch kann man sich beim Musikhören frei bewegen (s. a. Experimentierecke).

In letzter Zeit werden bei den öffentlichen Verkehrsmitteln *Anzeigetafeln* verwendet, die die Fahrgäste darüber informieren, wann z. B. die nächste Straßenbahn an der Haltestelle eintrifft (B 20a). Diese Anzeigen sind häufig mit einigen tausend Leuchtdioden aufgebaut, die in kleinem Abstand regelmäßig angeordnet sind. Durch geeignete Ansteuerung lassen sich dann Zahlen und Buchstaben erzeugen. In B 20b erkennt man, dass z. B. der Buchstabe W eine Breite und eine Höhe von je sieben Leuchtdioden einnimmt. Zur Darstellung des Buchstaben W wird also bei dieser Anzeige ein Rechteck mit 49 Leuchtdioden verwendet.

B 19
Infrarot-Fernbedienung

Das von den Leuchtdioden ausgesandte Licht wurde mit einer Videokamera, die im infraroten Bereich empfindlich ist, aufgenommen.

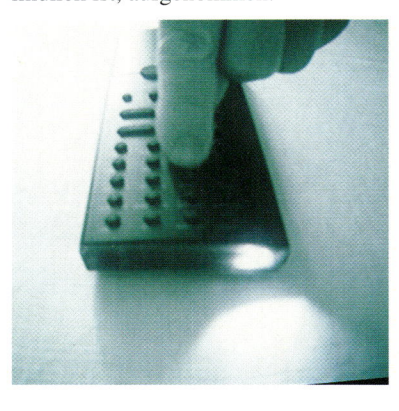

B 20
Anzeigetafel mit Leuchtdioden

a) Gesamtansicht

b) Teilansicht mit Leuchtdioden

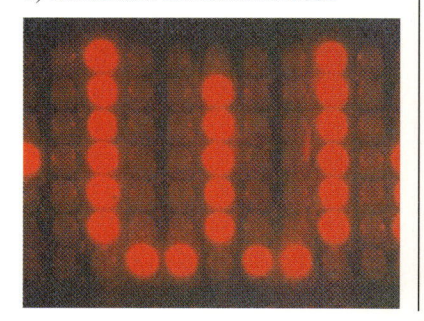

B 1
Die Entdecker des Transistoreffekts erhielten 1956 für ihre Entdeckung den Nobelpreis für Physik.

a) *John Bardeen*, 1908–1991, amerik. Physiker
Bardeen wurde 1972 für Arbeiten über Supraleitung zum zweiten Mal mit dem Nobelpreis ausgezeichnet.

b) *Walter Houser Brattain*, 1902–1987, amerik. Physiker

c) *William Bradford Shockley*, 1910–1989, amerik. Physiker

4 Eigenschaften des Transistors

Im Jahre 1948 experimentierten die amerikanischen Physiker *Bardeen* (B 1a) und *Brattain* (B 1b) mit Halbleiterdioden.

Bei ihren Untersuchungen entstand eine Folge von npn-Schichten. Bardeen und Brattain wurden auf diese Folge aufmerksam, da eine Widerstandsänderung der einen Grenzschicht auf die andere übertragen wurde. Sie hatten damit das Prinzip des Transistors (*trans*fer[1] re*sistor*[2]) entdeckt.

Shockley (B 1c) gelang die theoretische Deutung der physikalischen Vorgänge bei Halbleitern und beim Transistoreffekt.

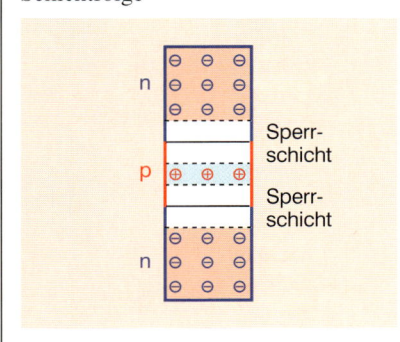

4.1 Aufbau und Wirkungsweise des Transistors

Ein Transistor besteht aus einer Folge von drei verschieden dotierten Halbleiterkristallen.

B 2 zeigt schematisch die Schichtfolge beim npn-Transistor. Aufgrund von Diffusionsvorgängen bildet sich an den beiden pn-Übergängen jeweils eine Sperrschicht (s. 2.3.1).

Legt man die npn-Schichtfolge an eine Stromquelle (U_1), so verschwindet die in Durchlassrichtung gepolte Sperrschicht, während sich die andere, die in Sperrrichtung gepolt ist, verbreitert (B 3). Es fließt kein Strom, da die in diesem Stromkreis (1. Stromkreis; s. B 4) noch vorhandene Sperrschicht einen sehr hohen Widerstand hat.

Dieser Widerstand lässt sich jedoch beeinflussen, wenn man zwischen der p-Schicht und der mit dem Minuspol der Stromquelle verbundenen n-Schicht eine zweite Stromquelle (U_2) so anlegt, dass die-

B 2
Zwei Sperrschichten bei einer npn-Schichtfolge

B 3
npn-Schichtfolge an einer Stromquelle

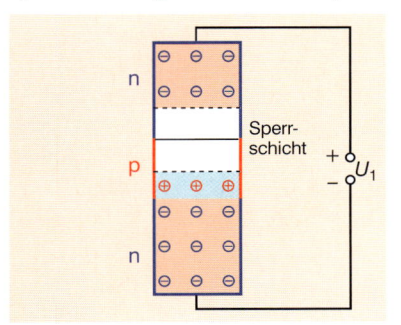

---
[1] transfer (engl.) übertragen
[2] resistor (engl.) Widerstand

ser pn-Übergang in Durchlassrichtung gepolt ist (B 4). Dann fließen Elektronen vom Minuspol dieser zweiten Stromquelle über den n-Kristall zum p-Kristall und von dort zum Pluspol der Stromquelle (2. Stromkreis).

Für die Funktionsweise des Transistors ist es entscheidend, dass die p-Schicht sehr dünn ist (ca. 1 μm). Dann dringen nämlich einige dieser Elektronen in die Sperrschicht ein und verringern dadurch ihren Widerstand. Jetzt ist es möglich, dass auch im 1. Stromkreis Strom fließen kann. Je größer die Stromstärke im 2. Stromkreis ist, desto mehr Elektronen dringen in die Sperrschicht ein, desto kleiner wird der Widerstand der Sperrschicht und desto größer ist die Stromstärke im 1. Stromkreis.

Beim Transistor wird diejenige n-Schicht als *Emitter*[1] bezeichnet, die Elektronen in die p-Schicht emittiert. Die andere n-Schicht heißt *Kollektor*[2], da sie die meisten vom Emitter kommenden Elektronen wieder einsammelt. Die p-Schicht nennt man *Basis*. Dementsprechend bezeichnet man die beiden Stromkreise als Basis- bzw. Kollektorstromkreis (B 5). Das Schaltsymbol des Transistors zeigt B 6.

B 4
Zum Transistoreffekt

Mit der Stromstärke im 2. Stromkreis lässt sich die Stromstärke im 1. Stromkreis steuern

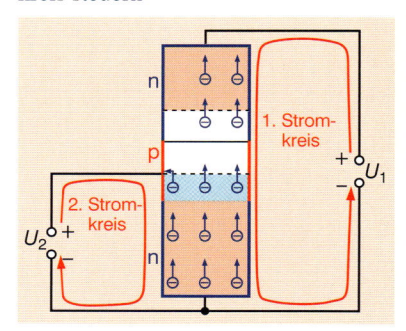

B 5
Zur Wirkungsweise des Transistors

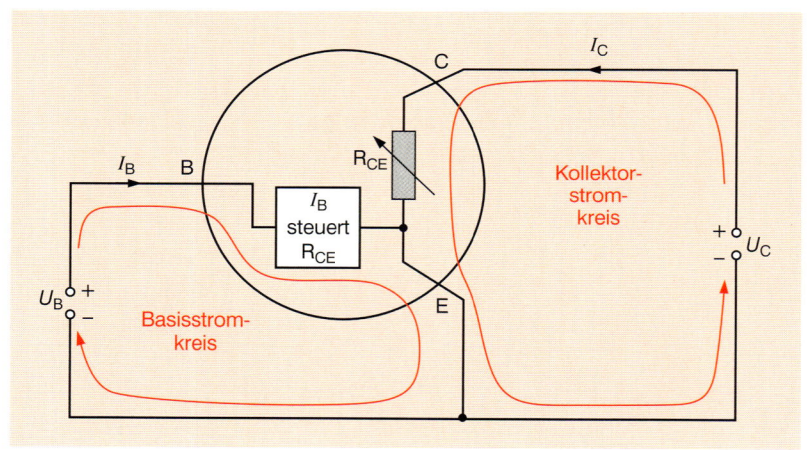

B 6
Schaltsymbol eines npn-Transistors

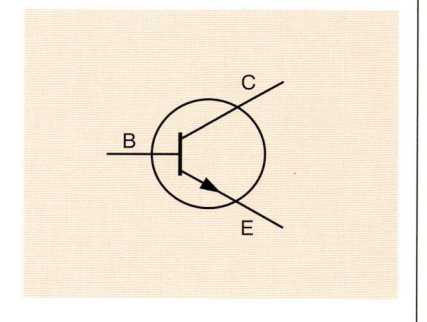

Durch eine gegenüber dem Emitterkristall schwache Dotierung des Basiskristalls kann man erreichen, dass bereits eine sehr kleine Basisstromstärke zur Steuerung einer großen Kollektorstromstärke ausreicht. Von dieser Tatsache überzeugen wir uns im folgenden Versuch.

Versuch (B 7):

Wir steuern die Stromstärke durch das Glühlämpchen G mit einer sehr kleinen Basisstromstärke. Dazu schließt ein Schüler den Basis-

B 7
Steuerung einer großen Kollektorstromstärke mit einer kleinen Basisstromstärke

Unsere Versuchsdaten:
$U_1 = 5$ V; $U_2 = 20$ V;
G: 3,8 V/0,07 A; T: BC 140

a) Schaltbild

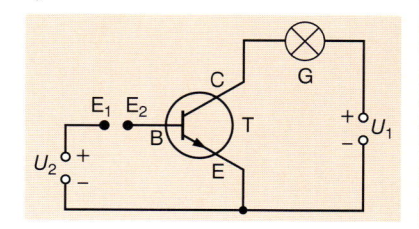

---
1 em*i*ttere (lat.) aussenden
2 coll*i*gere (lat.) sammeln

b) Aufbau

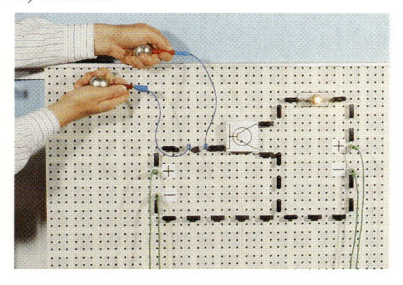

B 8
Schaltbild zur Aufnahme der Stromsteuerkennlinie

Unsere Versuchsdaten:
$U = 10$ V; $R_1 = 47$ kΩ;
$R_2 = 4{,}7$ kΩ; $R_3 = 4{,}7$ kΩ;
$R_P = 10$ kΩ; T: BC 549 C

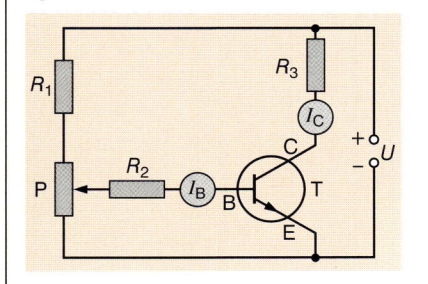

R-Aufgabe

Welche Spannung kann am Potentiometer P in der Schaltung zu B 8 maximal abgegriffen werden?

B 9
Stromsteuerkennlinie

stromkreis über seinen Körper, indem er die beiden Elektroden E_1 und E_2 in die Hände nimmt. Je fester er die Hände zusammendrückt, desto heller leuchtet das Lämpchen.

Wir erkennen, dass bereits die außerordentlich kleine Stromstärke des Stroms, der über den Körper des Schülers fließt, ausreicht um die sehr viel größere Stromstärke durch das Glühlämpchen zu steuern.

> **Mit einem Transistor kann man eine große Stromstärke mit einer kleinen steuern.**

4.2 Stromsteuerkennlinie; Stromverstärkung

Wir haben im letzten Versuch gesehen, dass sich die Kollektorstromstärke I_C durch die Basisstromstärke I_B steuern lässt. Der Zusammenhang zwischen I_B und I_C soll nun genauer untersucht werden.

Versuch (B 8):

Wir verwenden dazu die Schaltung nach B 8. Damit wir nicht zwei Stromquellen benötigen, greifen wir die Spannung für den Basisstromkreis am Potentiometer P ab. Mit P können wir dann auch die Basisstromstärke verändern. Der Widerstand R_2 hat eine Schutzfunktion; er verhindert, dass die Basisstromstärke zu groß und der Transistor dadurch zerstört wird.

Wir messen die Kollektorstromstärke I_C in Abhängigkeit von der Basisstromstärke I_B und erhalten die folgenden Messwerte.

$\dfrac{I_B}{\mu A}$	0	0,40	0,80	1,2	1,7	2,2	2,6	3,1	3,6	4,0	5,0
$\dfrac{I_C}{mA}$	0	0,25	0,50	0,75	1,0	1,25	1,50	1,75	2,0	2,0	2,0

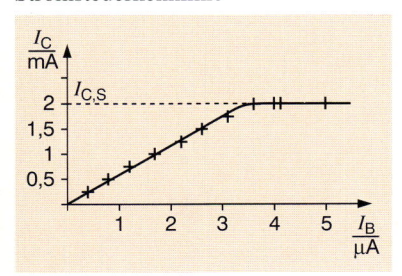

Das zugehörige I_B-I_C-Diagramm bezeichnet man als *Stromsteuerkennlinie* (B 9). Wir erkennen, dass in guter Näherung die Kollektorstromstärke proportional zur Basisstromstärke anwächst. Die Kollektorstromstärke erreicht schließlich den Sättigungswert $I_{C,S}$ und steigt nicht weiter an:

$$I_C \sim I_B \quad \text{für} \quad I_C < I_{C,S}$$

Den konstanten Quotienten $\frac{I_C}{I_B}$ bezeichnet man als *Stromverstärkung β*:

$$\boxed{\beta = \frac{I_C}{I_B}} \quad \textbf{Stromverstärkung}$$

In unserem Versuch beträgt die Stromverstärkung des verwendeten Transistors etwa 580. Die Stromverstärkung hängt vom Transistortyp ab.

R-Aufgabe

Welche grafische Bedeutung hat die Stromverstärkung β im I_B-I_C-Diagramm von B 9?

R-Aufgabe

Prüfe die Stromverstärkung β = 580 nach.

> **Ein Transistor ist ein Stromverstärker. Die Stromverstärkung ist abhängig vom Transistortyp. Die meisten Transistoren verstärken den Strom einige hundert Mal.**

4.3 Anwendung des Transistors als Verstärker

4.3.1 Mikrofonverstärker

Will man die von einem Mikrofon abgegebenen Signale hörbar machen, so muss man sie verstärken (B 10). Dies gelingt, wenn man dem Basisstrom die vom Mikrofon gelieferten Signale aufprägt. Wir schalten dazu das Mikrofon M in den Basisstromkreis. Dies führt dazu, dass die Basisstromstärke im Rhythmus der vom Mikrofon aufgenommenen Sprache oder Musik schwankt. Der Transistor verstärkt diese Schwankungen und steuert mit seinem einige hundert Mal stärker schwankenden Kollektorstrom den Kopfhörer K an, in dem die Sprache oder Musik wieder hörbar wird.

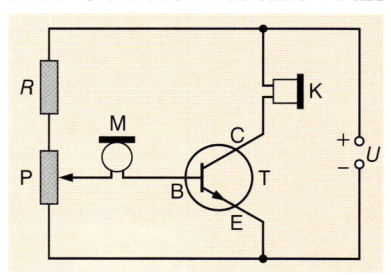

Damit die Signale des Mikrofons unverzerrt wiedergegeben werden, muss man dafür sorgen, dass der Transistor in einem Bereich arbeitet, in dem $I_C \sim I_B$ ist. Dazu muss der Basisstrom mit dem Potentiometer so eingestellt werden, dass der im Rhythmus der Sprache schwankende Kollektorstrom weder bis auf null zurückgeht noch in den Sättigungsbereich gelangt. Diese Einstellung nennt man *Arbeitspunkteinstellung*.

B 11 zeigt an der Stromsteuerkennlinie wie sich die Arbeitspunkteinstellung auf das verstärkte Signal auswirkt.
In der Einstellung A_1 sinkt der Basisstrom immer wieder unter null, sodass ein Teil des Mikrofonsignals abgeschnitten wird. Befindet sich der Arbeitspunkt bei A_3, so geht der Kollektorstrom immer wieder in den Sättigungsbereich; auch hier wird ein Teil des Mikrofonsignals abgeschnitten bzw. verändert. A_2 ist dagegen eine richtige Arbeitspunkteinstellung; in diesem Fall ist der Kollektorstrom dem Basisstrom direkt proportional und der Kopfhörer gibt das verstärkte Signal unverzerrt wieder.

B 10
Transistor als Mikrofonverstärker

Unsere Versuchsdaten:
U = 10 V; R = 47 kΩ;
R_P = 10 kΩ; M,K: Kopfhörer mit einem Gleichstromwiderstand > 1 kΩ

B 11
Zur Einstellung des Arbeitspunktes

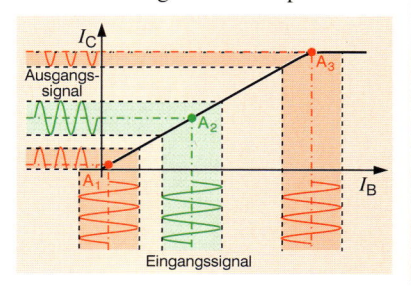

B 12
Transistor als Schalter

Unsere Versuchsdaten:
$U = 4,5$ V; $R_P = 10$ kΩ;
L: 3,7 V/0,3 A; T: BC 879

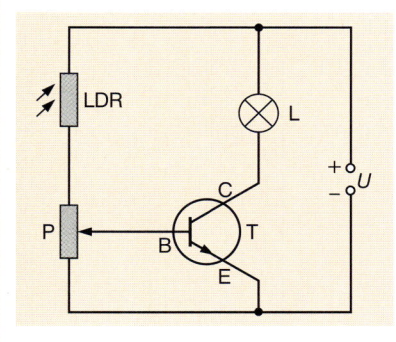

B 13
Ziehen eines Halbleiter-Einkristalls

a) Ansicht

b) schematisch

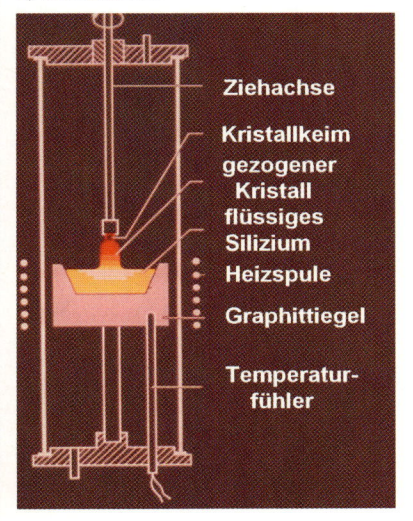

Ziehachse
Kristallkeim
gezogener Kristall
flüssiges Silizium
Heizspule
Graphittiegel
Temperaturfühler

4.3.2 Transistor als Schalter

Wir sind nun in der Lage den Versuch zur Einführung (s. 1.1) zu verstehen. B 12 zeigt das Schaltbild zu diesem Versuch.

Beim „Anzünden" des Lämpchens beleuchtet das Streichholz den LDR, sein Widerstand nimmt stark ab und es fließt ein so hoher Basisstrom, dass der Kollektorstrom sofort in den Sättigungsbereich gelangt; das Lämpchen leuchtet. Da das Lämpchen direkt über dem LDR aufgehängt ist, beleuchtet es diesen weiterhin, auch wenn die Flamme des Streichholzes entfernt wird. Das Lämpchen leuchtet also weiter.

Wird das Lämpchen angeblasen, so entfernt es sich aus seiner Position und der LDR wird nicht mehr beleuchtet. Jetzt wird sein Widerstand sehr groß, der Basisstrom geht fast auf null zurück und der Kollektorstrom sinkt ebenfalls auf null. Das Lämpchen erlischt und bleibt auch dann dunkel, wenn es wieder über dem LDR zur Ruhe kommt.

Der Transistor wird hier als *Schalter* verwendet, denn es gibt nur zwei Zustände:

1. Das Lämpchen leuchtet, der Kollektorstrom ist im Sättigungsbereich (Schalter ein).
2. Das Lämpchen ist dunkel, der Kollektorstrom ist null (Schalter aus).

4.4 Halbleiterfertigungstechnik

Halbleiter werden heute meist aus Silizium hergestellt. Silizium ist in Quarzsand als Siliziumdioxid (SiO_2) enthalten und wird in einem chemischen Verfahren zu Silizium reduziert. Das so gewonnene Silizium ist verunreinigt durch Fremdatome, die eine unerwünschte Leitfähigkeit verursachen. Man möchte einen völlig reinen Kristall, der erst durch gezieltes Dotieren die gewünschte Leitfähigkeit erhalten soll. Es ist heute möglich mit chemischen Verfahren einen Reinheitsgrad zu erreichen, bei dem auf 10^9 Siliziumatome nur ein Fremdatom trifft; verglichen mit der Erdbevölkerung wären das gerade sechs Menschen.

Ein Verfahren zur Herstellung eines Silizium-Einkristalls höchster Reinheit besteht darin, dass man in einem geheizten Graphittiegel Silizium schmilzt und in die Schmelze einen kleinen Silizium-Einkristall (Kristallkeim), der sich an einer Ziehachse befindet, eintaucht (B 13). Die Achse wird dann langsam unter Drehen nach oben aus der Schmelze herausgezogen; dabei lagern sich an den Kristallkeim weitere Siliziumatome an und kristallisieren mit dem gleichen Kristallgitter wie der Keim. So entsteht ein zylinderförmiger Einkristall.

Dieser Kristall kann z.B. durch das *Zonenschmelzverfahren* von noch vorhandenen Fremdatomen gereinigt werden. Hierbei umgibt eine Heizspule den lotrecht eingespannten Halbleiterzylinder und erhitzt ihn zonenweise, indem sie langsam von unten nach oben geführt wird. Auf diese Weise wandert eine Zone flüssigen Halbleitermaterials durch den Zylinder. Da Fremdatome die Eigenschaft haben, sich mehr im flüssigen als im festen Material anzureichern, wandern auch die Verunreinigungen mit nach oben. Durch mehrmalige Wiederholung des Zonenschmelzverfahrens gewinnt man schließlich einen sehr reinen Silizium-Einkristall.

Von allen Technologien zur Herstellung von Transistoren und anderen Halbleiterelementen ist die *Planartechnik*[1] die bedeutendste.
Ein entscheidender Schritt zur Verkleinerung elektronischer Schaltungen (Miniaturisierung) war das Herstellungsverfahren der Integrierten Schaltungen (IC's = Integrated Circuits).
(s. a. Physikalisches aus der Technik)

Aufgabenbeispiel

In der Schaltung von B 14 ist $R_P = 10\ \text{k}\Omega$, $R_1 = 10\ \text{k}\Omega$, $R_2 = 100\ \Omega$, $U = 10\ \text{V}$ und T ein Siliziumtransistor. Das Potentiometer P ist so eingestellt, dass $U_1 = 1{,}6\ \text{V}$ und die Basisstromstärke $100\ \mu\text{A}$ ist.

a) Berechne U_2.
b) Berechne die Kollektorstromstärke und die Spannung am Widerstand R_2, wenn die Stromverstärkung 500 ist.
c) Begründe:
Wird U_1 von 1,6 V an weiter erhöht, so bleibt die Spannung U_2 nahezu konstant.

B 14
Zum Aufgabenbeispiel

Lösung:

zu a)
Die Stromstärke durch den Widerstand R_1 ist gleich der Basisstromstärke von T; damit liegt an R_1 die Spannung:

$$U_{R_1} = R_1 I_B$$
$$U_{R_1} = 10\ \text{k}\Omega \cdot 100\ \mu\text{A} = 1{,}0\ \text{V}$$

Da R_1 und die Basis-Emitter-Strecke von T in Reihe geschaltet sind, gilt:

$$U_1 = U_{R_1} + U_2$$

Und damit:

$$U_2 = U_1 - U_{R_1}$$
$$U_2 = 1{,}6\ \text{V} - 1{,}0\ \text{V} = 0{,}60\ \text{V}$$

Die Spannung U_2 beträgt 0,60 V.

zu b)
Wegen $\beta = \dfrac{I_C}{I_B}$ folgt:

$$I_C = \beta I_B$$
$$I_C = 500 \cdot 100\ \mu\text{A} = 50{,}0\ \text{mA}$$

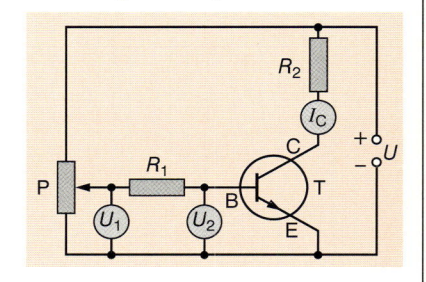

---

1 pl*a*num (lat.) Ebene

Da der Strom der Stromstärke I_C auch durch den Widerstand R_2 fließt, gilt:

$$U_{R_2} = R_2 \, I_C$$
$$U_{R_2} = 100 \, \Omega \cdot 50{,}0 \text{ mA} = 5{,}00 \text{ V}$$

Die Kollektorstromstärke ist 50,0 mA, die Spannung an R_2 beträgt 5,00 V.

zu c)
Die Basis-Emitter-Strecke eines Transistors ist ein pn-Übergang. Da es sich um einen Siliziumtransistor handelt, gilt für diesen pn-Übergang dieselbe Kennlinie wie bei einer Siliziumdiode (s. B 2 in 3.1). Somit wird beim Erhöhen der Spannung U_1 die Stromstärke durch diesen pn-Übergang zwar größer, die Spannung bleibt aber nahezu konstant.

B 15
Zur Aufgabe ❶

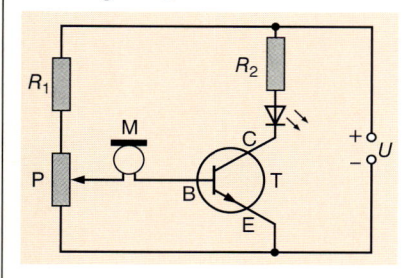

B 16
Zur Aufgabe ❷
Darlington-Transistor

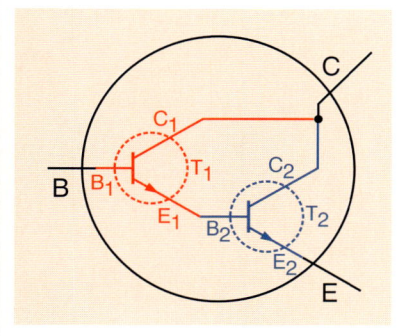

B 17
Zur Aufgabe ❸

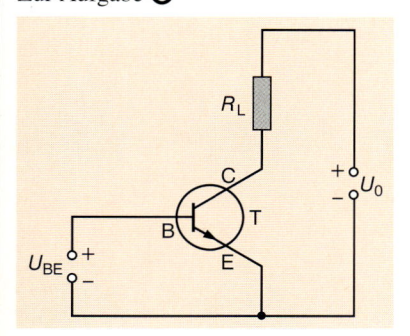

Aufgaben

❶ a) Beschreibe die Wirkungsweise der Schaltung von B 15.
b) Wozu dient der Widerstand R_2?
c) Was lässt sich mit dem Potentiometer P einstellen?

❷ Der Darlington-Transistor vom Typ BC 517 enthält in seinem Gehäuse zwei Transistoren T_1 und T_2, die so miteinander verbunden sind, wie es B 16 zeigt. Mit dieser *Darlington-Schaltung* erreicht man eine sehr hohe Stromverstärkung, die im Folgenden berechnet werden soll.
a) Begründe:
Bei einem Transistor ist die Emitterstromstärke gleich der Summe aus Kollektor- und Basisstromstärke.
b) Begründe, dass beim Darlington-Transistor (B 16) gilt:

$$I_B = I_{B1}$$

$$I_C = I_{C1} + I_{C2}$$

c) Zeige, dass für die Stromverstärkung $\beta = \dfrac{I_C}{I_B}$ des Darlington-Transistors gilt:

$$\beta = \beta_1 + \beta_2 + \beta_1 \beta_2,$$

wobei β_1 bzw. β_2 die Stromverstärkung der Transistoren T_1 bzw. T_2 ist.
d) Begründe:
Die Stromverstärkung eines Darlington-Transistors ist in guter Näherung gleich dem Produkt der Stromverstärkungen der beiden Einzeltransistoren.

❸ B 17 zeigt eine Schaltung mit einem Leistungstransistor. Die Spannung U_{BE} zwischen Basis und Emitter ist 0,50 V, die Basisstromstärke 10 mA, die Kollektorstromstärke 1,0 A, der Lastwiderstand 10 Ω und $U_0 = 50$ V.
a) Berechne die Leistung am Eingang des Transistors und die Leistung am Widerstand.
b) Berechne die Leistung am Widerstand R_{CE} zwischen Kollektor und Emitter.
Was bewirkt diese Leistung? Wofür muss also zum Schutz des Transistors gesorgt werden?

(5,0 mW; 10 W; 40 W)

Physikalisches aus der Technik

1. *Planartechnik*

B 18
npn-Planartransistor

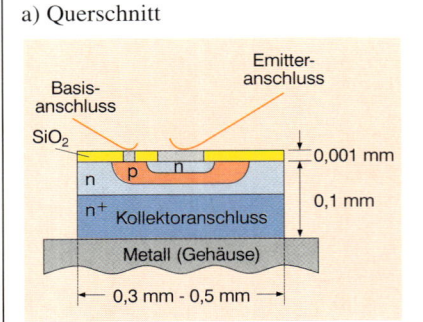

a) Querschnitt

b) Draufsicht

Von allen Technologien zur Herstellung von Transistoren und anderen Halbleiterbauelementen ist die Planartechnik die bedeutendste. Der Name Planartechnik ist begründet in der Tatsache, dass die drei Zonen eines Transistors in eine Ebene eingelassen werden. Am Beispiel eines npn-Planartransistors (B 18) zeigt die Bildfolge B 19 den Herstellungsgang für einen Planartransistor.

B 19
Herstellungsgang eines Planartransistors

Ausgangsmaterial:
n^+-Si-Einkristall-Scheibe, hochdotiert, 0,3 mm Dicke

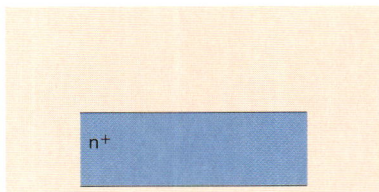

Epitaxie:
Aufwachsen einer n-dotierten Si-Schicht von 10 µm Dicke

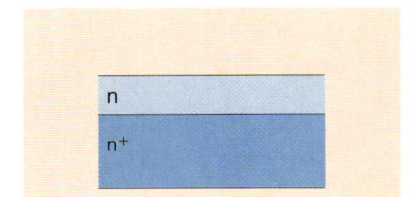

1. *Oxidation*:
Erzeugen einer SiO_2-Schicht von etwa 1 µm Dicke

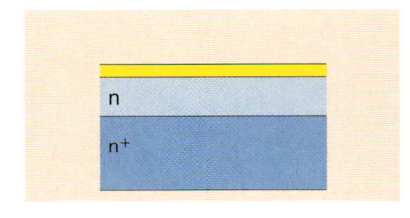

Ätzvorgang:
Ätzen eines Fensters in die Oxidschicht

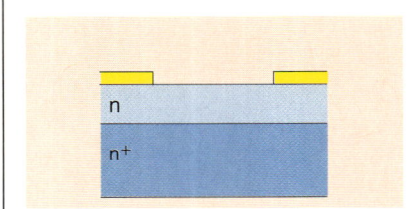

Basis-Diffusion:
Boratome diffundieren durch das Oxidfenster in den Kristall und erzeugen die p-leitende Basiszone

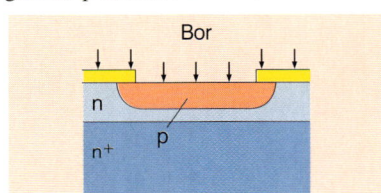

2. *Oxidation, Ätzvorgang*:
Oberflächen wieder mit einer Oxidschicht überziehen und ein Fenster für die Emitter-Diffusion ätzen

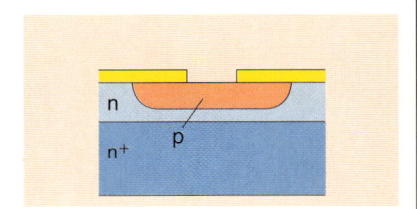

Emitter-Diffusion:
Phosphoratome diffundieren durch das Oxidfenster und erzeugen die n-leitende Emitterzone

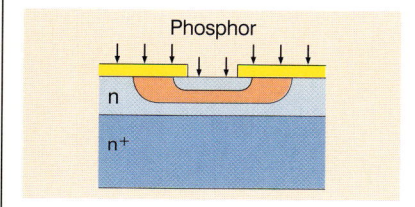

3. *Oxidation, Ätzung, Metallbelegung*:
Oberfläche wieder mit einer Oxidschicht überziehen und Fenster für die Metallkontakte ätzen, ganzflächige Bedampfung mit Metall (z. B. Aluminium)

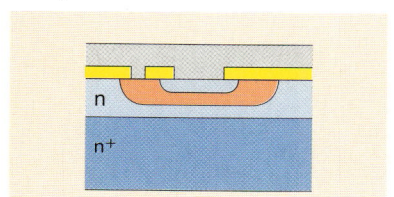

Leitbahnätzung, Rückseitenschliff:
Entfernen des Metallbelags bis auf die Emitter- und Basisanschlüsse, Abschleifen der Rückseite bis auf 0,1 mm Kristalldicke

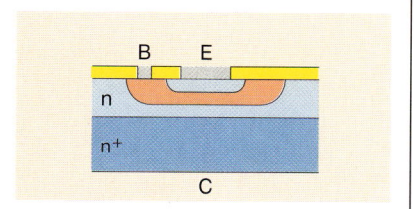

B 20
Schaltbild und Querschnitt einer Integrierten Schaltung

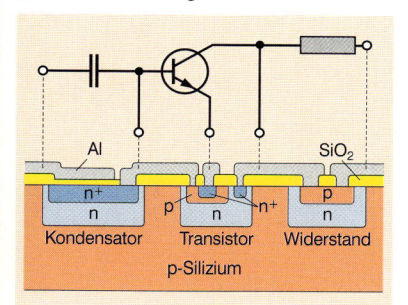

B 21
Prozessor

2. Integrierte Schaltungen

Ein entscheidender Schritt zur Verkleinerung elektronischer Schaltungen (Miniaturisierung) war das Herstellungsverfahren der Integrierten Schaltungen (IC's = Integrated Circuits[1]). Es lag nahe, ebenso wie Transistoren auch Dioden, Widerstände, Kondensatoren und die leitenden Verbindungen auf einem einkristallinen Siliziumplättchen (Chip[2]) in einer Schaltung zu vereinigen (integrieren). Die Struktur der Integrierten Schaltung wird durch fotografische Prozesse mithilfe von Masken[3] auf den Siliziumkristall übertragen. Die Schaltungselemente entstehen durch Diffusion, Oxidation und Metallisierung.
B 20 zeigt das Schaltbild und den Querschnitt durch eine Integrierte Schaltung.
Die Integrationstechnik hat heute eine außerordentliche Bedeutung gewonnen in der Herstellung von Prozessoren (B 21) und Speicherbausteinen für Computer. Hier ist es möglich, Strukturen von der Größenordnung von 0,35 µm in mehreren Ebenen übereinander auf dem Chip unterzubringen.
Moderne Speicherbausteine enthalten z. B. 64 Millionen Speicherzellen auf einem Chip von unter 1 cm^2 Fläche. Jede einzelne Speicherzelle besteht dabei aus einem Kondensator und mindestens einem Transistor. Prozessoren für Computer enthalten auf einem Chip ca. 8 Millionen Transistoren.

Integrierte Schaltungen sind nicht nur kleiner, zuverlässiger und energiesparender als Schaltungen aus Einzelelementen, sondern auch wesentlich billiger. Die enorme Preisreduktion und die Möglichkeiten, Schaltungen von hoher Komplexität herzustellen, sind der Grund, warum Integrierte Schaltungen in alle Bereiche der Technik eingedrungen sind.

---

1 integrated circuits (engl.) vollständige Schaltungen
2 chip (engl.) Schnittchen
3 Masken sind Glasplatten, auf denen die Struktur der Integrierten Schaltung aufgebracht ist.

Steuern und Regeln mit Elementen der Mikroelektronik

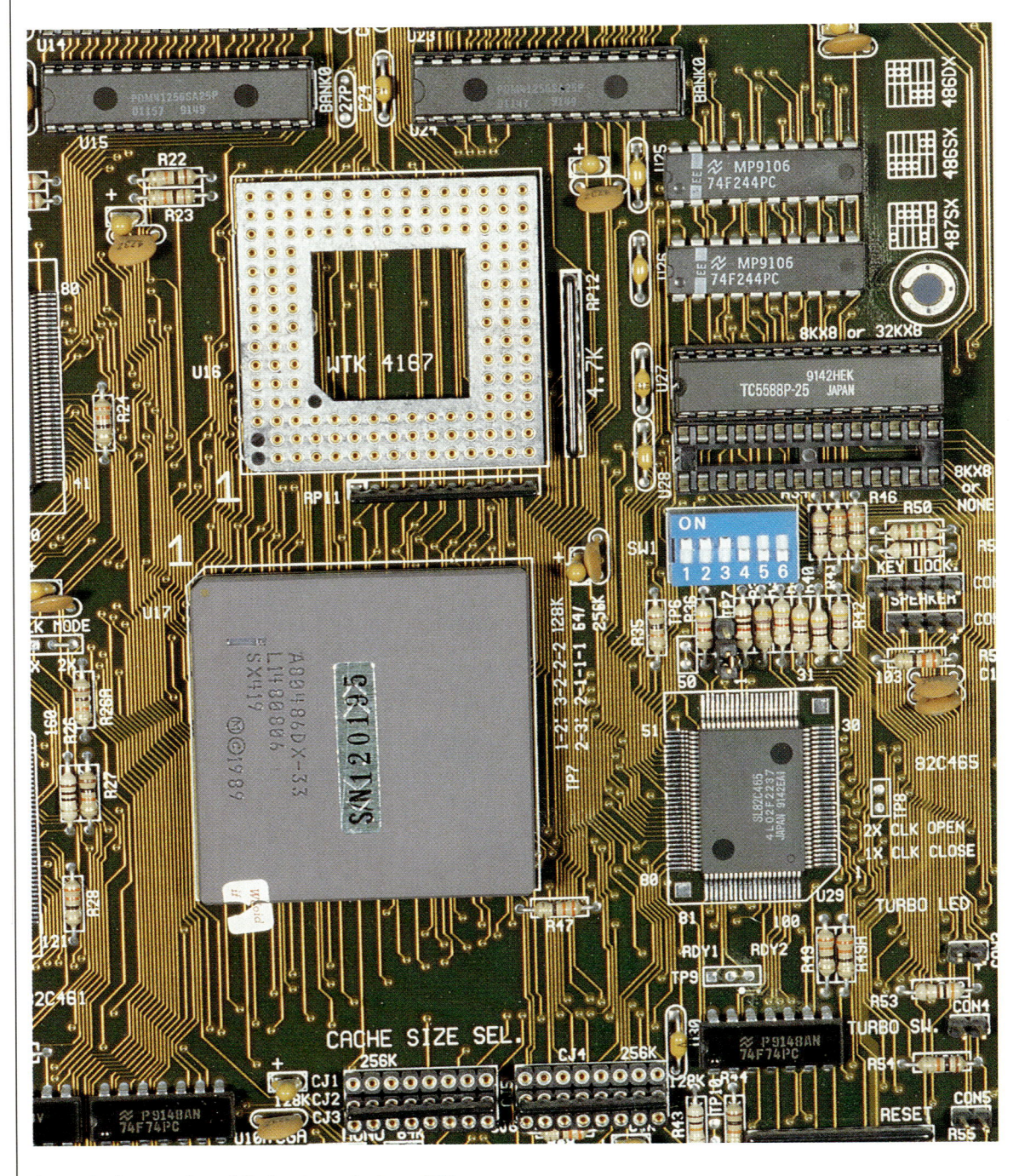

Ausschnitt aus dem Motherboard eines PC

1 Operationsverstärker

Ein Operationsverstärker ist eine Integrierte Schaltung mit vielen Transistoren (B 1).

B 1
Operationsverstärker

a) Mikrofoto

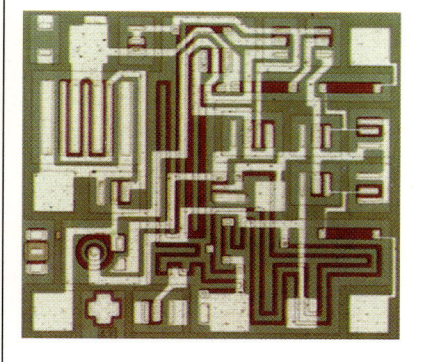

b) Schaltung

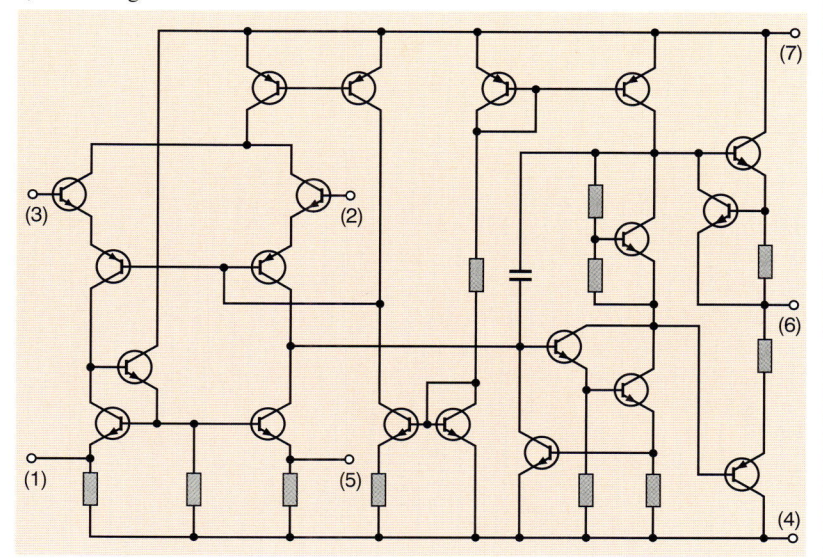

Aufgrund seiner außerordentlich hohen Spannungsverstärkung ist der Operationsverstärker vielfältig einsetzbar. Dazu ist es nicht nötig, die Funktionsweise der Schaltung zu verstehen; für die Anwendungen genügt es vielmehr, wenn man die Eigenschaften des Operationsverstärkers kennt. Deshalb werden wir im Folgenden den Operationsverstärker als *Black Box* behandeln und uns nur auf seine Eigenschaften konzentrieren.

B 2
Massesymbol

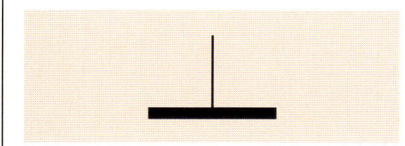

1.1 Eigenschaften des Operationsverstärkers

1.1.1 Potentiale

B 3
Zum Potential

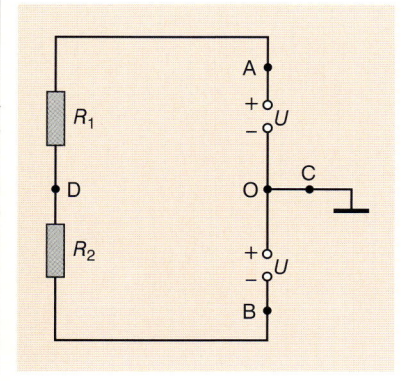

Bei elektronischen Schaltungen spricht man häufig von einer Spannung in einem bestimmten Punkt. Da eine Spannung aber immer zwischen zwei Punkten auftritt, muss bei dieser Sprechweise der zweite Punkt vorher schon festgelegt worden sein. Dieser Punkt heißt Bezugspunkt O oder *Masse*. In Schaltbildern wird dieser durch das Massesymbol (B 2) gekennzeichnet. In B 3 ist der Bezugspunkt O auf die Verbindung der beiden Stromquellen gelegt. Die Spannung U_A im Punkt A ist dann die Spannung zwischen Punkt A und Masse. Ist der Pluspol dieser Spannung in A, der Minuspol an Masse, so wird die Spannung positiv gerechnet, andernfalls negativ.

Die beschriebene Ausdrucksweise ist vor allem in der Technik üblich. In der Physik spricht man statt von der Spannung im Punkt A vom *Potential* in diesem Punkt; dadurch unterscheidet man auch in der Sprechweise klar, ob es sich um eine Spannung gegenüber einem Bezugspunkt (also um ein Potential) oder um eine Spannung zwischen zwei beliebigen Punkten handelt.

Die Spannung U_{AB} zwischen zwei beliebigen Punkten A und B lässt sich durch die Potentiale U_A und U_B berechnen, es gilt:

$$U_{AB} = U_{AO} + U_{OB}$$

Da $U_{OB} = -U_{BO}$ (s. Physik 10A, 5.3.1), folgt:

$$U_{AB} = U_{AO} - U_{BO}$$
$$U_{AB} = U_A - U_B$$

> **Das Potential in einem Punkt A ist die Spannung zwischen A und einem Bezugspunkt (Masse).**
> **Die Spannung zwischen zwei Punkten ist gleich der Differenz der Potentiale in diesen Punkten.**

R-Aufgabe

Berechne in B 3 die Spannungen U_{AD} und U_{DC}.

Aufgabenbeispiel

Berechne in der Schaltung von B 3 die Potentiale in den Punkten A, B, C und D, wenn $U = 10$ V; $R_1 = 9{,}0$ kΩ; $R_2 = 1{,}0$ kΩ ist.

Lösung:

Die Potentiale in den Punkten A, B und C können sofort ohne Rechnung angegeben werden: $U_A = U_{AO} = 10$ V, $U_B = U_{BO} = -10$ V und $U_C = U_{CO} = 0$. U_B ist negativ, da der Minuspol der Spannung U_{BO} in B liegt.

Für das Potential in D gilt:

$$U_D = U_{DO} = U_{DB} + U_{BO} = U_{R_2} + U_B$$

An der Reihenschaltung der Widerstände R_1 und R_2 liegt insgesamt eine Spannung von $2U = 20$ V an. Diese teilt sich im Verhältnis der beiden Widerstände auf. Weil $R_2 : R_1 = 1 : 9$ ist, liegt an R_2 ein Zehntel der Gesamtspannung:

$$U_{R_2} = 2{,}0 \text{ V}$$

Damit ist:

$$U_D = 2{,}0 \text{ V} - 10 \text{ V} = -8{,}0 \text{ V}$$

1.1.2 Eigenschaften des Operationsverstärkers

B 4a zeigt einen Operationsverstärker in einem *Dual in-line-Gehäuse*[1], B 4b sein Schaltsymbol. Er hat zwei Eingänge E_+ und E_-, einen Ausgang A und zwei Anschlüsse für die Betriebsspannung. An

B 4
Operationsverstärker

a) Dual in-line-Gehäuse

b) Schaltsymbol

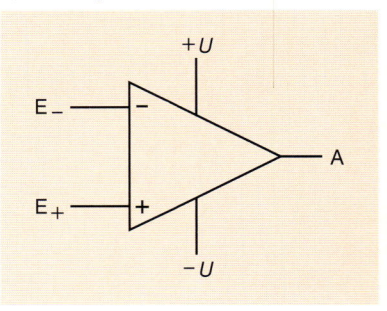

---

[1] Bei einem *Dual in-line-Gehäuse* sind die Anschlüsse in zwei parallelen Reihen angebracht.

B 5
Messung des Ausgangspotentials in Abhängigkeit von der Eingangsspannung beim Operationsverstärker

Unsere Versuchsdaten:
$R_{P_1} = 10\ k\Omega$; $R_{P_2} = 10\ k\Omega$;
$U = 10\ V$;
Operationsverstärker OV: 741

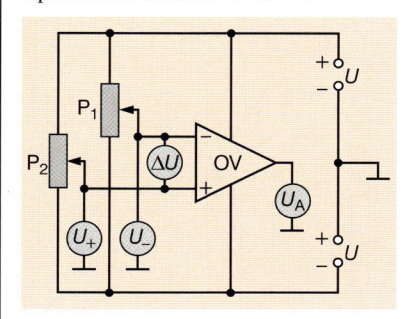

R-Aufgabe

Betrachte die Schaltung in B 5.
a) Welche Potentiale kann man durch Verschieben der Potentiometer P_1 und P_2 am Eingang E_+ und E_- des Operationsverstärkers einstellen?
b) Gib ein Beispiel an, bei dem $U_A = 10\ V$ ist.
c) Welches Ausgangspotential U_A ergibt sich bei der Einstellung: $U_+ = -4\ V$ und $U_- = 3\ V$?

B 6
ΔU-U_A-Diagramm des Operationsverstärkers 741

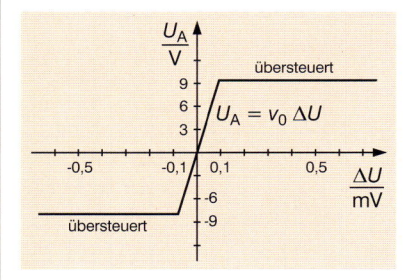

R-Aufgabe

Entnimm B 6 die Leerlaufverstärkung.

einem Betriebsspannungsanschluss wird das Potential $+U$, am anderen $-U$ angelegt (symmetrische Betriebsspannung). Wir untersuchen, wie sich das Potential am Ausgang verhält, wenn wir die Potentiale an den Eingängen verändern.

Versuch (B 5):

Wir verändern mit den Potentiometern P_1 und P_2 die Potentiale U_+ und U_- an den beiden Eingängen. Dabei stellen wir fest, dass für das Ausgangspotential U_A gilt:

$$U_A \approx +U,\ \text{falls}\ U_+ > U_-$$
$$U_A \approx -U,\ \text{falls}\ U_+ < U_-$$

Dieses Verhalten kommt daher, dass der Operationsverstärker die Spannung $\Delta U = U_+ - U_-$ zwischen seinen Eingängen etwa 10^5fach verstärkt (*Leerlaufverstärkung* v_0), d.h. $U_A = v_0 \cdot \Delta U$. Für $\Delta U = 0{,}1\ mV$ ergibt sich also bereits ein Ausgangspotential von 10 V. Da aber das Ausgangspotential nicht über die Betriebsspannung U ansteigen kann, messen wir für $\Delta U \geq 0{,}1\ mV$ etwa das Ausgangspotential $+U$ und für $\Delta U \leq -0{,}1\ mV$ etwa das Ausgangspotential $-U$. In diesen beiden Fällen ist der Operationsverstärker *übersteuert*.
B 6 zeigt das ΔU-U_A-Diagramm des Operationsverstärkers 741.

Bei Übersteuerung beträgt das Ausgangspotential etwa 9,4 V bzw. $-8{,}0$ V und nicht $+10$ V bzw. -10 V, da an den Transistoren, die den Ausgang des Operationsverstärkers steuern, immer eine kleine Spannung anliegt. Im Folgenden werden wir jedoch der Einfachheit halber davon sprechen, dass bei einem übersteuerten Operationsverstärker das Ausgangspotential $+U$ bzw. $-U$ ist.

Eine weitere wichtige Eigenschaft des Operationsverstärkers ist sein hoher Eingangswiderstand.

Versuch:

Wir messen in der in B 5 dargestellten Schaltung die Stärke des Stroms, der an den Eingängen E_+ und E_- fließt und stellen fest, dass dieser nahezu gleich null ist. Dies bedeutet, dass der Widerstand an den Eingängen des Operationsverstärkers sehr hoch ist; er beträgt mehrere Megaohm.

> **Für das Ausgangspotential U_A eines Operationsverstärkers gilt:**
> $$U_A = v_0 \Delta U$$
>
> **Ist der Operationsverstärker übersteuert, so ist:**
> $$U_A = +U,\ \text{falls}\ U_+ > U_-$$
> $$U_A = -U,\ \text{falls}\ U_+ < U_-$$
>
> **Der Eingangswiderstand eines Operationsverstärkers ist sehr hoch.**

1.2 Einfache Anwendungen des Operationsverstärkers

Aus den Eigenschaften des Operationsverstärkers ergeben sich seine beiden hauptsächlichen Anwendungsmöglichkeiten.

1. Ist er *übersteuert*, so kann er zum Vergleichen zweier Potentiale verwendet werden, denn dann gilt:

   $U_A = +U$, falls $U_+ > U_-$ oder $U_A = -U$, falls $U_+ < U_-$

   Bei dieser Art der Anwendung wirkt der Operationsverstärker als *Komparator*[1].

2. Ist der Operationsverstärker *nicht übersteuert*, so wirkt er als *Spannungsverstärker*.

1.2.1 Komparator

Straßenbeleuchtungen werden in der Abenddämmerung automatisch eingeschaltet. Wir untersuchen mit einer Modellschaltung (B 7), wie man das automatische Einschalten einer Lampe bei zunehmender Dunkelheit erreichen kann.
Der Operationsverstärker wird in dieser Schaltung als Komparator verwendet. Er vergleicht das Potential am Eingang E_- mit dem an E_+. Bei Helligkeit ist der Widerstand des LDR klein und die an seinen Enden anliegende Spannung ebenfalls. Ist das Potentiometer P etwa in Mittelstellung, so ist $U_+ < U_-$ und damit $U_A = -U$. In diesem Fall fließt beim Transistor T kein Basisstrom, da der pn-Übergang zwischen Basis und Emitter in Sperrrichtung gepolt ist. Der Kollektorstrom ist damit ebenfalls null und der Anker des Relais Re wird nicht angezogen; die Lampe L leuchtet nicht (s. Physik 10A, 11.3; Physikalisches aus der Technik).
Bei zunehmender Dunkelheit, die wir im Physiksaal durch das Herunterfahren der Verdunkelung simulieren können, nimmt der Widerstand des LDR zu; das Potential U_+ steigt, während U_- gleich bleibt. Wenn U_+ größer als U_- wird, ändert sich das Potential am Ausgang auf $U_A = +U$. Jetzt fließt ein Basisstrom; der Anker des Relais wird angezogen und die Lampe L eingeschaltet.

Der Transistor ist zum Betrieb des Relais notwendig, da der verwendete Operationsverstärker an seinem Ausgang maximal eine Stromstärke von 25 mA liefern kann. Diese reicht für das Anziehen des Relais nicht aus und muss deshalb mit dem Transistor erst verstärkt werden.

B 7
Operationsverstärker als Komparator

Einschalten einer Lampe bei zunehmender Dunkelheit

Unsere Versuchsdaten:
$R_p = 10\ \text{k}\Omega$; $R_1 = 47\ \text{k}\Omega$;
$R_2 = 4{,}7\ \text{k}\Omega$; $U = 10\ \text{V}$;
$U_1 = 5\ \text{V} \sim$; L: 5 V/4 W
OV: 741; T: BC 140

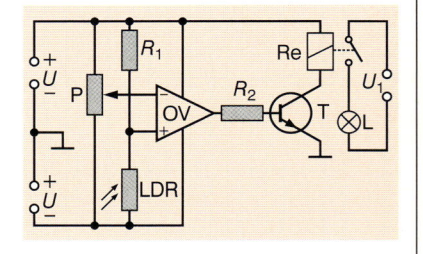

R-Aufgabe

Wie kann man in der Schaltung von B 7 erreichen, dass die Beleuchtung bei zunehmender Dunkelheit erst später eingeschaltet wird?

1.2.2 Nicht-invertierender Verstärker

Ist der Operationsverstärker nicht übersteuert, so verstärkt er die Spannung zwischen seinen Eingängen so stark, dass dies für die meisten Anwendungen zu viel ist. Mit einer zusätzlichen Beschal-

---

[1] compar*are* (lat.) vergleichen

B 8
Nicht-invertierender Verstärker

a) Aufbau

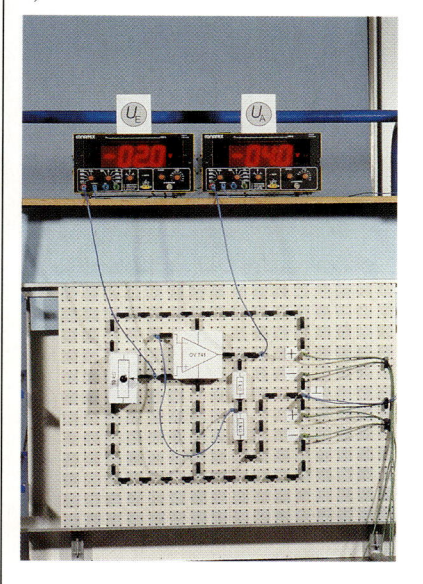

b) Schaltbild

Unsere Versuchsdaten:
$R_1 = 1\,k\Omega$; $R_2 = 1\,k\Omega$;
$R_p = 10\,k\Omega$; $U = 10\,V$; OV: 741

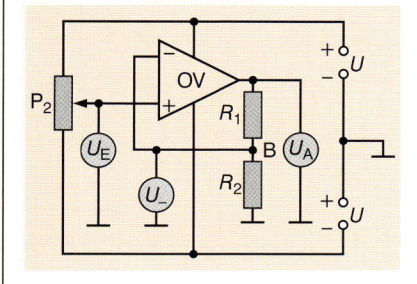

tung (B 8) erreicht man dagegen eine kleinere und dazu genau einstellbare Verstärkung. Durch diese Beschaltung erhält man einen Verstärker, dessen Eingangspotential U_E mit U_+ übereinstimmt und dessen Ausgangspotential U_A ist.

Versuch (B 8):

Wir verändern das Eingangspotential U_E mit dem Potentiometer P und messen jeweils das Ausgangspotential U_A. Dabei stellen wir fest, dass das Ausgangspotential das Zweifache des Eingangspotentials beträgt solange der Operationsverstärker nicht übersteuert ist. Der Verstärkungsfaktor ist in dieser Schaltung offensichtlich gleich 2.
Außerdem stimmt auch das Vorzeichen des Ausgangspotentials mit dem des Eingangspotentials überein; deshalb spricht man in diesem Fall von einem *nicht-invertierenden*[1] *Verstärker*.
Wir wollen uns nun überlegen, wovon der Verstärkungsfaktor beim nicht-invertierenden Verstärker abhängt. Dazu betrachten wir das Schaltbild B 8b etwas genauer. Wir erkennen am Ausgang einen Spannungsteiler, der mit den Widerständen R_1 und R_2 realisiert ist. Wegen der Verbindung von E_ mit B stimmt das Potential U_- mit der Spannung an R_2 überein. Damit gilt:

$$U_- = \frac{R_2}{R_1 + R_2} U_A$$

Da die Spannung ΔU zwischen den beiden Eingängen des nicht übersteuerten Operationsverstärkers nur Bruchteile von 1 mV beträgt (s. B 6), können wir diese vernachlässigen und erhalten damit an den beiden Eingängen nahezu das gleiche Potential:

$$U_+ = U_-$$

Da das Potential U_+ aber mit dem Eingangspotential U_E übereinstimmt, erhalten wir insgesamt:

$$U_E = U_+ = U_- = \frac{R_2}{R_1 + R_2} U_A$$

Für den Verstärkungsfaktor ergibt sich also:

$$\frac{U_A}{U_E} = 1 + \frac{R_1}{R_2}$$

In unserer Schaltung sind die Widerstände R_1 und R_2 gleich groß, der Verstärkungsfaktor ist damit gleich 2.
Bezeichnet man die Widerstände wie in B 8b, so gilt:

Der Verstärkungsfaktor des nicht-invertierenden Verstärkers ist: $\dfrac{U_A}{U_E} = 1 + \dfrac{R_1}{R_2}$

---

[1] invertere (lat.) umkehren

1.2.3 Messung kleinster Spannungen und Ströme

Versuch (B 9):

Wir stellen eine Spule her, indem wir einen isolierten Draht etwa 20-mal um eine Stativstange wickeln und anschließend von dieser abziehen. Beim Annähern eines Magneten tritt in dieser Spule eine sehr kleine Induktionsspannung auf, die wir mit einem nicht-invertierenden Verstärker messen können.

B 9
Messung kleiner Induktionsspannungen

a) Versuchsaufbau

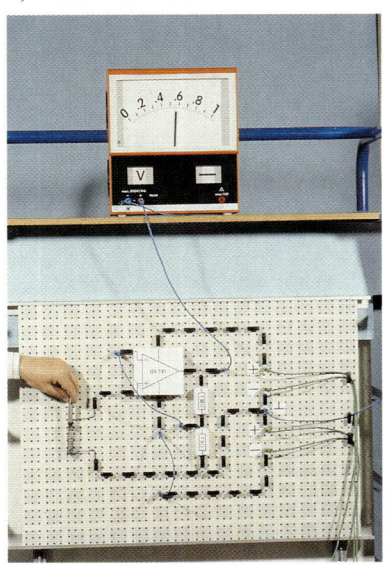

b) Schaltbild

Unsere Versuchsdaten:
$R_1 = 1\,\text{M}\Omega$; $R_2 = 1\,\text{k}\Omega$;
$U = 10\,\text{V}$;
Spule Sp ca. 20 Windungen; OV: 741

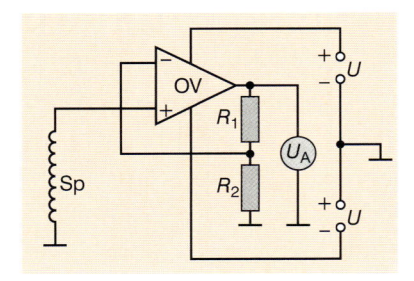

Wenn wir den einen Pol des Magneten der Spule annähern, so beobachten wir z. B. eine Zunahme der Ausgangsspannung U_A um etwa 0,2 V; beim Annähern des anderen Pols beobachten wir eine entsprechende Abnahme.

Da in der Schaltung von B 9 der Verstärkungsfaktor des nicht-invertierenden Verstärkers $1 + \dfrac{1\,\text{M}\Omega}{1\,\text{k}\Omega} \approx 1000$ beträgt, erhalten wir für die Induktionsspannung etwa 0,2 mV.

Ist der Verstärkungsfaktor eines nicht-invertierenden Verstärkers sehr hoch, so ist die Ausgangsspannung meist nicht genau null, obwohl die Eingangsspannung null ist. Dies kommt daher, weil im Innern des Operationsverstärkers eine sehr kleine Spannung ΔU zwischen den Eingängen auftritt. Diese kann mit einem zusätzlichen Potentiometer auf null eingestellt werden.

B 10
Messung kleiner Ströme

a) Versuchsaufbau

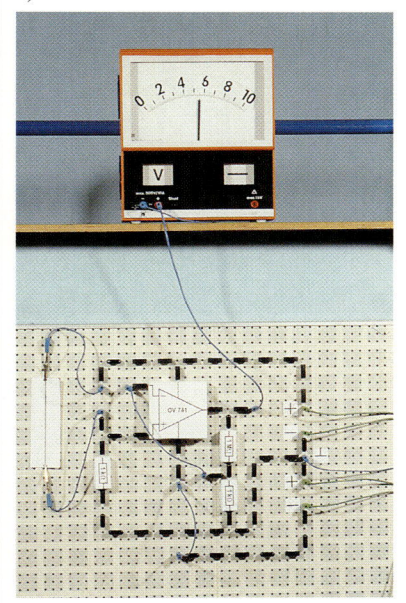

b) Schaltbild

Unsere Versuchsdaten:
$R_1 = 1 \text{ k}\Omega$; $R_2 = 1 \text{ M}\Omega$;
$R_3 = 1 \text{ k}\Omega$; $U = 10 \text{ V}$; OV: 741

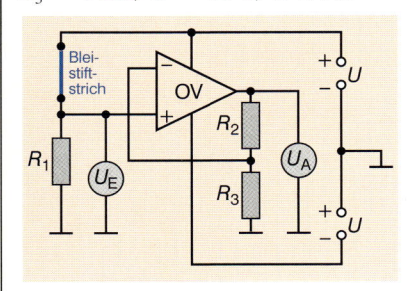

Versuch (B 10):

Zur Messung kleiner Ströme mit einem nicht-invertierenden Verstärker muss man zunächst die Stromstärke in eine dazu proportionale Spannung umwandeln. In der Schaltung von B 10b erreichen wir dies mit dem Widerstand R_1. Die an R_1 anliegende Spannung messen wir mit einem nicht-invertierenden Verstärker.
Nun können wir z. B. die Stärke des Stroms, der durch einen auf Papier gezeichneten Bleistiftstrich fließt, messen.

In der Schaltung von B 10b ergibt sich für einen bestimmten Bleistiftstrich das Ausgangspotential $U_A = 5{,}0 \text{ V}$.
a) Berechne die Stromstärke im Bleistiftstrich und seinen Widerstand.
b) Berechne die Potentiale an E_+ und E_-.

Aufgabenbeispiel

Lösung:

zu a)
Der Verstärkungsfaktor dieses nicht-invertierenden Verstärkers beträgt:

$$\frac{U_A}{U_E} = 1 + \frac{R_2}{R_3}$$

$$\frac{U_A}{U_E} = 1 + \frac{1 \cdot 10^6 \, \Omega}{1 \cdot 10^3 \, \Omega} \qquad \frac{U_A}{U_E} \approx 1 \cdot 10^3$$

Damit ist das Eingangspotential $U_E = 5 \text{ mV}$.
Die Spannung am Widerstand R_1 ist somit auch 5 mV und für die Stromstärke im Widerstand gilt:

$$I_{R_1} = \frac{U_{R_1}}{R_1} \qquad I_{R_1} = \frac{5 \text{ mV}}{1 \text{ k}\Omega} = 5 \, \mu\text{A}$$

Da der Eingangswiderstand des Operationsverstärkers sehr hoch ist, ist die Stromstärke im Bleistiftstrich nahezu gleich der im Widerstand R_1, also 5 µA.
An der Reihenschaltung von R_1 und dem Bleistiftstrich liegt die Spannung $U = 10 \text{ V}$, somit gilt:

$$U = U_{R_1} + U_{\text{Bleistiftstrich}}$$

Und damit:

$$U_{\text{Bleistiftstrich}} = U - U_{R_1}$$
$$U_{\text{Bleistiftstrich}} = 10 \text{ V} - 5 \text{ mV} \qquad U_{\text{Bleistiftstrich}} \approx 10 \text{ V}$$

Für den Widerstand des Bleistiftstrichs erhalten wir:

$$R_{\text{Bleistiftstrich}} = \frac{U_{\text{Bleistiftstrich}}}{I_{\text{Bleistiftstrich}}}$$

$$R_{\text{Bleistiftstrich}} = \frac{10 \text{ V}}{5 \cdot 10^{-6} \text{ A}} = 2 \text{ M}\Omega$$

Die Stromstärke durch den Bleistiftstrich beträgt 5 µA, sein Widerstand ist 2 MΩ.

zu b)
Da der Operationsverstärker nicht übersteuert ist, sind die Potentiale an den Eingängen aufgrund der sehr hohen Leerlaufverstärkung nahezu gleich. Es gilt deshalb:

$$U_+ = U_- = U_E = 5 \text{ mV}$$

Aufgaben

① a) Berechne die Spannung U_A, die das Messgerät in der Schaltung von B 11 anzeigt, wenn gilt:

$R_1 = 100$ kΩ; $R_2 = 4{,}7$ kΩ; $R_3 = 10$ kΩ; $R_4 = 1{,}0$ kΩ; $U = 10$ V

b) Gib für die vier Widerstände der Schaltung in B 11 Werte an, bei denen die Ausgangsspannung 8,0 V beträgt.

(4,9 V; z. B. 9,2 kΩ; 800 Ω; 9,0 kΩ; 1,0 kΩ)

② Gelegentlich vergisst man die Heizung zurückzudrehen, sodass sich das Zimmer mehr als nötig aufheizt. Dies lässt sich leicht durch eine Warnschaltung mit einem Operationsverstärker verhindern.
Entwirf eine solche Schaltung, bei der eine rote Leuchtdiode als Warnsignal eingeschaltet wird, wenn die Temperatur im Zimmer einen bestimmten Wert übersteigt.

③ B 12a zeigt eine Schaltung mit einem Operationsverstärker und zwei Widerständen. Der Operationsverstärker wird so betrieben, dass er nicht übersteuert ist.
 a) Wie groß ist das Potential an den Eingängen E_+ und E_-?
    Beachte: Die Spannung ΔU zwischen den beiden Eingängen kann vernachlässigt werden, wenn der Operationsverstärker nicht übersteuert ist.
 b) Drücke die Spannungen, die an den Widerständen R_1 und R_2 liegen, durch die Eingangsspannung U_E und die Ausgangsspannung U_A aus.
 c) Drücke die Stromstärken I_1 bzw. I_2 der Ströme, die durch R_1 bzw. R_2 fließen, durch U_E, U_A, R_1 und R_2 aus.
 d) Begründe: $I_1 = I_2$
 e) Zeige mithilfe der Teilaufgaben c) und d), dass für den Verstärkungsfaktor der Schaltung gilt:

$$\frac{U_A}{U_E} = \frac{R_2}{R_1}$$

 f) Die Schaltung von B 12a ist ein *invertierender Verstärker*. Erläutere dies.
 g) Erläutere: Der Eingangswiderstand des invertierenden Verstärkers ist etwa gleich R_1.
    Hinweis: Beachte das Potential an E_- und das Ersatzschaltbild B 12b.
 h) Welche Verstärkungsfaktoren kann man mit dem invertierenden Verstärker einstellen, die mit dem nicht-invertierenden Verstärker nicht eingestellt werden können?

④ Bei einem nicht-invertierenden Verstärker (s. B 8b) gilt $U_A = v_0 \Delta U$; dabei ist ΔU die Spannung zwischen den Eingängen E_+ und E_-.
 a) Zeige, dass gilt: $U_E = U_2 + \Delta U$; dabei ist U_2 die am Widerstand R_2 anliegende Spannung.
 b) Zeige, dass für den Verstärkungsfaktor des nicht-invertierenden Verstärkers gilt:

$$\frac{U_A}{U_E} = \frac{v_0}{1 + v_0 \dfrac{R_2}{R_1 + R_2}}$$

 c) Die Leerlaufverstärkung v_0 ist sehr groß.

Vereinfache das Ergebnis von b), wenn $v_0 \dfrac{R_2}{R_1 + R_2} \gg 1$ ist.

Vergleiche dieses Ergebnis mit dem in 1.2.2 hergeleiteten Verstärkungsfaktor.

B 11
Zur Aufgabe ①

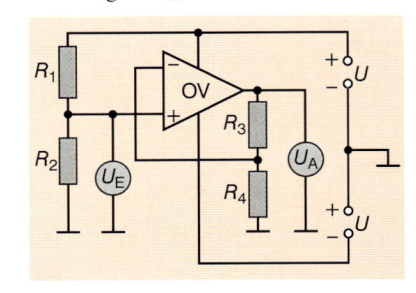

B 12
Zur Aufgabe ③

a) Invertierender Verstärker

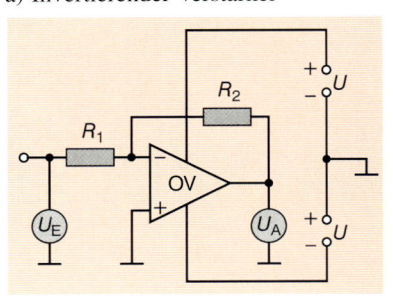

b) Zur Bestimmung des Eingangswiderstandes beim invertierenden Verstärker

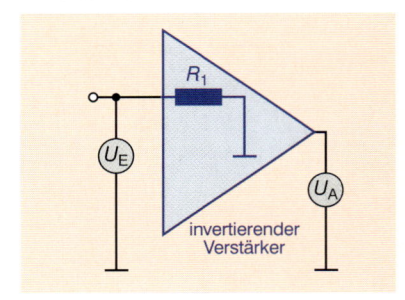

B 13
Zur Aufgabe ❺

a) Spannungsfolger

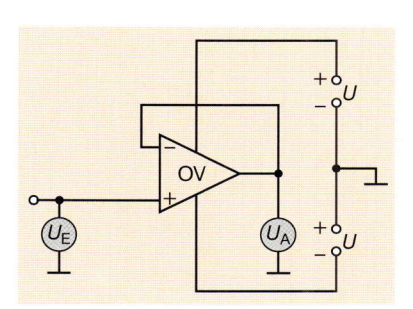

b) Messung von Spannungen an einem hochohmigen Spannungsteiler

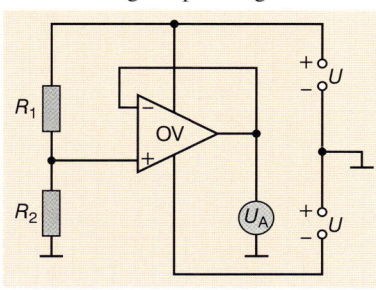

B 14
Messverstärker für Spannungs-, Strom- und Ladungsmessung

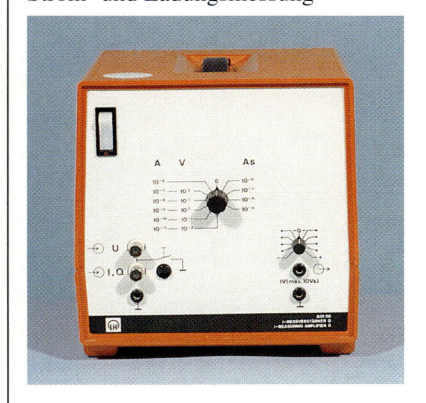

B 15
Vielfachmessgerät mit integriertem Messverstärker

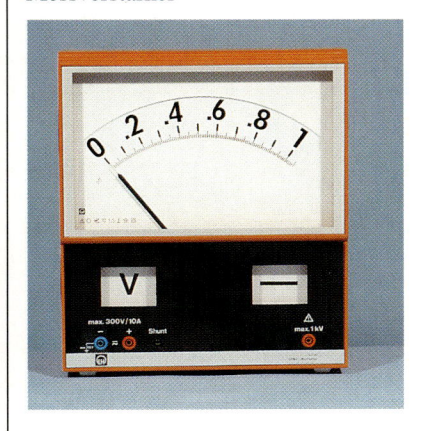

❺ B 13a zeigt das Schaltbild eines *Spannungsfolgers*.
a) Zeige, dass beim Spannungsfolger in sehr guter Näherung $U_A = U_E$ gilt, wenn der Operationsverstärker nicht übersteuert ist.
Hinweis: Ermittle das Potential an E_+ und E_- und vernachlässige die Spannung ΔU zwischen diesen beiden Eingängen.

B 13b zeigt, wie man die Spannung an einem hochohmigen Spannungsteiler mit einem Spannungsfolger messen kann. Es gilt: $R_1 = 1{,}0\,\text{M}\Omega$; $R_2 = 100\,\text{k}\Omega$; $U = 10\,\text{V}$
b) Welche Spannung U_A zeigt das Messgerät am Ausgang des Spannungsfolgers an? *Beachte*: Der Eingangswiderstand des Operationsverstärkers ist sehr groß.
c) Nun soll die Spannung an R_2 direkt mit dem Spannungsmessgerät ohne Spannungsfolger gemessen werden. Welche Spannung zeigt das Gerät an, wenn sein Eingangswiderstand $100\,\text{k}\Omega$ beträgt.
Wie groß ist der prozentuale Fehler dieser Spannungsmessung?

(0,91 V; 0,48 V; 48%)

Bei der Messung der elektrischen Ladung (s. Physik 10A; 3.2) haben wir einen Messverstärker verwendet. In Messverstärkern werden häufig Operationsverstärker benützt. Diese verstärken kleinste Spannungen so oft, dass sie mit Spannungsmessgeräten im Voltbereich gemessen werden können. Der Messverstärker in B 14 kann über einen Umschalter auch zur Strom- und Ladungsmessung verwendet werden.
Bei der Stromstärkemessung wird im empfindlichsten Bereich die Eingangsstromstärke $1 \cdot 10^{-11}\,\text{A}$ in die Ausgangsspannung $1\,\text{V}$ umgesetzt. Der höchste Verstärkungsfaktor für die Spannungsmessung beträgt bei diesem Gerät allerdings nur 10^2. Jedoch ist hier der Eingangswiderstand mit $1\,\text{G}\Omega = 1 \cdot 10^9\,\Omega$ sehr hoch, sodass Spannungsmessungen durchgeführt werden können ohne die Stromquelle zu belasten (s. Aufgabe ❺).
Bei der Ladungsmessung ermittelt ein speziell beschalteter Operationsverstärker aus dem zeitlichen Verlauf der Entladestromstärke die durch den Messverstärker geflossene Ladung und setzt sie in eine dazu proportionale Spannung um. Beim Messverstärker in B 14 wird im empfindlichsten Ladungsmessbereich eine Ladung von $1 \cdot 10^{-9}\,\text{C}$ in eine Ausgangsspannung von $1\,\text{V}$ umgesetzt.
In modernen Vielfachmessgeräten ist bereits ein Messverstärker integriert um mit dem Gerät auch sehr kleine Spannungen und Ströme messen zu können. Bei dem Vielfachmessgerät von B 15 erhält man in den empfindlichsten Messbereichen für die Spannungs- und die Stromstärkemessung bereits bei 1 mV bzw. 1 µA Vollausschlag.

Physikalisches aus der Technik

2 Steuern und Regeln

2.1 Steuerung

Die Automation spielt in der Technik eine immer größere Rolle. Durch Knopfdruck werden die einzelnen Programmschritte, z. B. eines Geschirrspülers, automatisch angesteuert und durchlaufen. Bei automatischen Werkzeugmaschinen ist nach Ingangsetzen der Maschine der Mensch zur Steuerung nicht mehr nötig. Eine elektronische Steuerung sorgt dafür, dass die Maschine die einzelnen Arbeitsgänge in der richtigen Reihenfolge und in der gewünschten Weise ausführt.

Anhand eines einfachen Beispiels wollen wir erklären, was man unter Steuerung versteht und das Gemeinsame der Steuerungsvorgänge herausstellen.

2.1.1 Stellgröße und Steuergröße

Beispiel (B 1): Gasofen zur Heizung eines Zimmers

B 1
Steuerung eines Gasofens

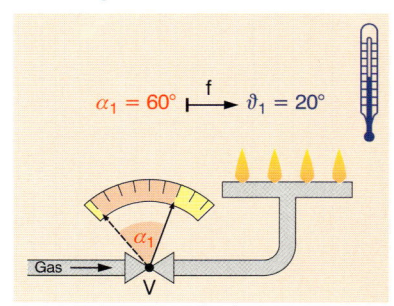

Mit dem Ventil V kann man den Gasstrom einstellen. Je weiter man das Ventil öffnet, desto mehr Gas strömt in gleichen Zeitabschnitten ein und wird verbrannt. Bei konstantem Gasdruck und Heizwert des Gases sowie bei konstanter Außentemperatur ist die im geschlossenen Zimmer erzielte Temperatur ϑ nur von der Ventilstellung α abhängig. Für die Einstellung $\alpha_1 = 60°$ ist z. B. unter den genannten Voraussetzungen die Zimmertemperatur $\vartheta_1 = 20°$ C. Durch die Ventilstellung α wird also eine bestimmte Zimmertemperatur ϑ angesteuert. Der gesetzmäßige Zusammenhang $\vartheta = f(\alpha)$ kann empirisch aufgenommen werden.

Aus diesem Beispiel erkennen wir bereits alle wichtigen Eigenschaften der *Steuerung*:

An jeder Steuerung sind zwei Größen beteiligt, die miteinander gesetzmäßig verbunden sind. Die eine dieser Größen wird auf einen gewissen Wert eingestellt. Man nennt diese Größe *Stellgröße* und bezeichnet sie allgemein mit y. In unserem Beispiel ist die Ventilstellung α die Stellgröße der Steuerung. Durch diese Einstellung wird die zweite Größe auf einen bestimmten Wert gesteuert. Man nennt diese gesteuerte Größe *Steuergröße* und bezeichnet sie allgemein mit x. In unserem Beispiel ist die Zimmertemperatur ϑ die Steuergröße. Stellgröße y und Steuergröße x stehen in einem funktionalen Zusammenhang $x = f(y)$.

In der Steuerungstechnik ist es üblich, die unabhängige Stellgröße mit y und die abhängige Steuergröße mit x zu bezeichnen, im Gegensatz zum Mathematikunterricht, in dem die unabhängige Größe in der Regel mit x, die abhängige mit y bezeichnet wird.

B 2
Blockschema einer Steuerung

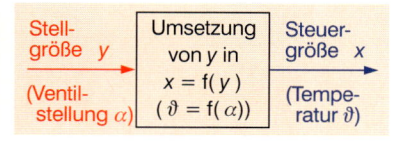

| Stellgröße y (Ventilstellung α) | Umsetzung von y in $x = f(y)$ ($\vartheta = f(\alpha)$) | Steuergröße x (Temperatur ϑ) |

B 2 zeigt in einem *Blockschema* die Wirkungsweise einer Steuerung; in Klammern ist jeweils angegeben, welche Bedeutung die Begriffe für das Beispiel der Gassteuerung haben.

Auf eine wichtige Eigenschaft jeder Steuerung wollen wir noch eingehen:

Die Steuerung wirkt nur *in einer Richtung*, die wir im Blockschema (B 2) durch Pfeile angedeutet haben. Ein gewählter Wert der Stellgröße y bewirkt einen bestimmten Wert der Steuergröße x. Eine Rückwirkung der Steuergröße x auf die Stellgröße y gibt es dagegen nicht.

Im Beispiel wird die Zimmertemperatur ϑ_1 durch die Ventilstellung α_1 erreicht. Die Zimmertemperatur wirkt nicht zurück auf die Ventilstellung.

Diese Eigenschaft der *Rückwirkungsfreiheit* ist für die Steuerung charakteristisch. Dadurch unterscheidet sie sich von der *Regelung*, die wir im Folgenden besprechen werden.

> **Bei einer Steuerung beeinflusst die Stellgröße y die Steuergröße x, jedoch wirkt diese nicht auf die Stellgröße zurück. Bei einer Steuerung besteht ein gesetzmäßiger Zusammenhang beider Größen:**
> $$x = f(y)$$

2.1.2 Schalten und Verstärken als Sonderfälle der Steuerung

a) *Schalten*

Gelegentlich kann bei einer Steuerung die Stellgröße nur zwei Werte annehmen. In diesem Fall spricht man von *Schalten*.

Beispiel:

Ersetzt man bei einem Gasofen (B 1) das stufenlos einstellbare Ventil durch eine Klappe, die nur die beiden Stellungen „offen" und „zu" hat, so spricht man bei dieser speziellen Steuerung von Schalten. Die Stellgröße kann zwischen zwei Werten hin und her geschaltet werden; dabei gibt es auch zwei zugehörige Werte der Steuergröße, die Zimmertemperaturen ϑ_1 und ϑ_2.

b) *Verstärken*

Stellgröße und Steuergröße sind im Allgemeinen von verschiedener Art; sie können aber auch in speziellen Fällen gleichartig sein, z. B. zwei Kräfte, elektrische Ströme oder Spannungen. Hat dabei die

Steuergröße einen größeren Wert als die Stellgröße, so handelt es sich um den Sonderfall der *Verstärkung*.

Beispiel:

Verwendet man einen Transistor als Verstärker, so steuert der Basisstrom den Kollektorstrom. Die Basisstromstärke I_B (Stellgröße y) beeinflusst die Kollektorstromstärke I_C (Steuergröße x). Der gesetzmäßige Zusammenhang $I_C = f(I_B)$ beider Größen ist innerhalb gewisser Grenzen nahezu eine direkte Proportionalität (s. 4.2 von „Einführung in die Halbleiterphysik"):

$$I_C = k\, I_B$$

Die stromverstärkende Wirkung erkennt man an dem Faktor k. Wie groß auch die Kollektorstromstärke I_C wird, sie beeinflusst ihrerseits nicht die Basisstromstärke I_B.

Steuerungen gibt es nicht nur in der Physik, sondern auch in vielen anderen Disziplinen, z. B. in der Chemie, Biologie, Medizin und Wirtschaft.

> **Schalten und Verstärken sind Sonderfälle der Steuerung.**

Aufgaben

❶ Die Geschwindigkeit eines Förderbandes ist über den Antrieb einstellbar. Gib die Stellgröße und die Steuergröße an. Wie könnte man ihren gesetzmäßigen Zusammenhang finden?

❷ In der Umgangssprache sagt man: Der Fahrer steuert den Pkw. Erläutere, warum es sich in diesem Fall nicht um eine Steuerung im Sinn der Steuerungstechnik handelt.

❸ Beim Ein- und Ausschalten der Zimmerbeleuchtung mit einem Lichtschalter handelt es sich um eine Steuerung.
Zeichne das zugehörige Blockschema.
Gib die Stellgröße, die Steuergröße und ihren Zusammenhang an.

❹ Mit einem Relais soll ein Schwachstrom einen Starkstrom steuern. Entwirf ein Schaltbild und zeichne das die Steuerung kennzeichnende Blockschema.

❺ Bei Eintritt der Dämmerung soll eine Glühlampe automatisch eingeschaltet werden.
a) Entwirf eine geeignete Schaltung.
b) Handelt es sich um eine Steuerung? Zeichne ggf. das Blockschema.

❻ Entwirf eine Schaltung für einen Feuermelder.
Stelle diese Steuerung durch das zugehörige Blockschema dar.

❼ Mit einem Wasserhahn kann der Wasserstrom gesteuert werden. Gib Stellgröße und Steuergröße an. Überlege, ob eine Rückwirkung möglich ist.

❽ Suche weitere Beispiele zur Steuerung und kennzeichne sie durch das zugehörige Blockschema.

2.2 Regelung

Wir wollen anhand eines einfachen Beispiels erklären, was man unter Regelung versteht, und das Gemeinsame aller Regelungsvorgänge herausstellen.

Beispiel: Regelung der Temperatur eines gasbeheizten Zimmers

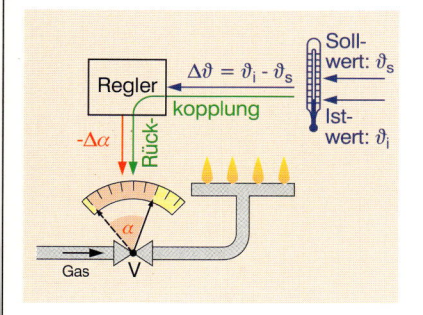

Wir knüpfen an das Beispiel zur Steuerung von 2.1 an. Eine bestimmte Einstellung des Ventils garantiert nur dann die gewünschte Zimmertemperatur, wenn keine störenden Einflüsse auftreten. Ändert sich aber z. B. der Gasdruck oder der Heizwert des Gases oder sinkt im Winter die Außentemperatur oder werden die Zimmerfenster geöffnet, dann wird die Zimmertemperatur vom gewünschten Wert, dem sog. *Sollwert*[1], abweichen. Diese Abweichung der tatsächlichen Temperatur (*Istwert*) vom Sollwert kann man im Allgemeinen durch eine geeignete Änderung der Ventilstellung wieder rückgängig machen. Geschieht dies in genügend kleinen Zeitabschnitten, so bleibt der Istwert der Temperatur in der Nähe des Sollwerts. Man sagt dann: Die Temperatur des Zimmers ist *geregelt*.

Dieses einfache Beispiel enthält bereits alle Elemente einer Regelung. Wir wollen uns diese im Einzelnen klarmachen (B 3):
Zunächst steuert die Ventilstellung α (*Stellgröße y*) die Zimmertemperatur ϑ. Da wir uns mit der Steuerung nicht zufrieden geben, sondern die Temperatur regeln wollen, bezeichnen wir jetzt die Temperatur als *Regelgröße x*.

Folgende Arbeitsgänge müssen wir nun durchführen um die Zimmertemperatur zu regeln:

– Wir stellen am Thermometer die Abweichung der gemessenen Temperatur ϑ_i (Istwert x_i) vom gewünschten Wert ϑ_S (Sollwert x_s) fest:

$$\Delta\vartheta = \vartheta_i - \vartheta_S$$

– Wir überlegen uns, wie wir die Temperaturabweichung $\Delta\vartheta$ in eine geeignete Änderung der Ventilstellung $-\Delta\alpha$ umformen müssen, damit wir die Temperaturabweichung rückgängig machen können.
Die Vorzeichen von $\Delta\vartheta$ und $\Delta\alpha$ haben wir verschieden gewählt, weil bei zu niedriger Zimmertemperatur eine Erhöhung der Gaszufuhr nötig ist und umgekehrt.

– Wir führen die Änderung $-\Delta\alpha$ der Ventilstellung aus.

Es ist für eine Regelung charakteristisch, dass eine Rückwirkung der Regelgröße auf die Stellgröße erfolgt. Eine solche Rückwirkung nennt man *Rückkopplung*.
Wenn die Rückkopplung, wie es bei jeder Regelung notwendig ist, gegensinnig abläuft, spricht man von *Gegenkopplung*.
Bei einem gleichsinnigen Ablauf spricht man dagegen von einer *Mitkopplung*. Allerdings handelt es sich dann nicht mehr um eine Regelung.

B 3
Regelung der Temperatur eines gasbeheizten Zimmers

R-Aufgabe

Was würde bei dem Beispiel der Regelung der Temperatur passieren, wenn man statt der Gegenkopplung eine Mitkopplung hätte?

---

1 Der Sollwert wird häufig auch als *Führungsgröße* bezeichnet.

Wir machen uns die Zusammenhänge wieder an einem Blockschema klar (B 4). Im oberen Teil ist dieses verwandt mit dem Blockschema der Steuerung (B 2). Neu ist jetzt die Eingabe der Regelgröße x in den Regler, der als Mensch oder als Automat den Istwert x_i der Regelgröße mit ihrem von außen eingegebenen Sollwert x_S vergleicht und die Abweichung $\Delta x = x_i - x_S$ in eine entsprechende Änderung $-\Delta y$ der Stellgröße umformt. Diese Änderung $-\Delta y$ wird dann der Stellgröße zugeführt (Gegenkopplung) und damit der Regelkreis geschlossen.

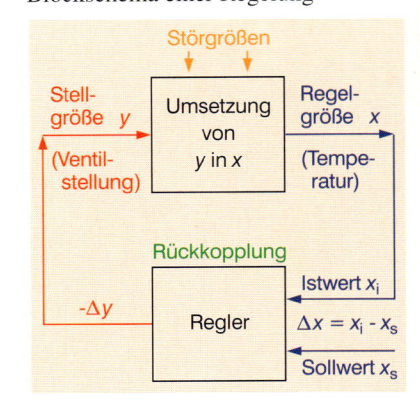

> **Kennzeichnend für jede Regelung ist eine Rückkopplung, bei der die Regelgröße x gegensinnig auf die Stellgröße y zurückwirkt. Dazu formt der Regler die Abweichung Δx des Istwerts vom Sollwert um in eine entsprechende Änderung $-\Delta y$ der Stellgröße und führt sie dieser zu. Auf diese Weise wird erreicht, dass die Regelgröße trotz des Einflusses von Störgrößen nur wenig vom Sollwert abweicht.**

B 4
Blockschema einer Regelung

B 5
Temperatursteuerung mit einem Operationsverstärker

a) Aufbau

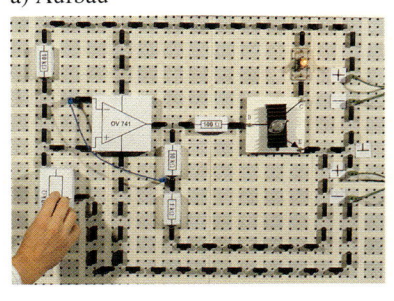

2.3 Steuern und Regeln mit einem Operationsverstärker

Wir wollen uns an einem Modellversuch überlegen, wie man die in 2.1 und 2.2 besprochene Steuerung und Regelung für die Heizung eines Zimmers mit Mitteln der Elektronik erreichen kann.

Versuch (B 5):

Als „Heizkörper" verwenden wir ein Glühlämpchen G, das über den Transistor T und den Operationsverstärker OV angesteuert wird. Der Operationsverstärker ist als nicht-invertierender Verstärker geschaltet. Er verstärkt das Potential im Punkt P, das durch den Widerstand R_1 und den regelbaren Widerstand R_2 festgelegt ist.
Der Transistor dient als Stromverstärker, der die Ausgangsstromstärke des Operationsverstärker so verstärkt, dass das Glühlämpchen betrieben werden kann.
Wir überzeugen uns, dass wir durch Verändern des Widerstandes R_2 die Helligkeit und damit die Temperatur auf der Oberfläche des Glasgehäuses steuern können. Wenn wir R_2 verkleinern, so sinkt die Temperatur und umgekehrt. Der Widerstand R_2 ist die Stellgröße y und die Temperatur des Glasgehäuses die Steuergröße x.

b) Schaltbild

Unsere Versuchsdaten:
$R_1 = 10\,\text{k}\Omega$; $R_2 = 10\,\text{k}\Omega$;
$R_3 = 10\,\text{k}\Omega$; $R_4 = 1\,\text{k}\Omega$;
$R_5 = 100\,\Omega$; $U = 7\,\text{V}$;
G: 6 V/0,5 A; OV: 741; T: 2 N 3055

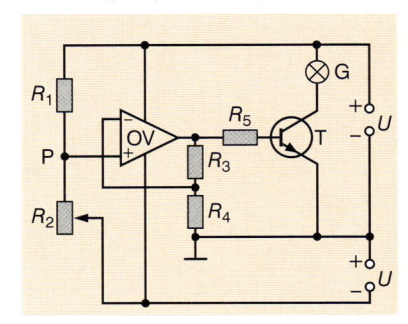

R-Aufgabe

Welches Potential U_P ergibt sich im Punkt P, wenn $R_1 = R_2$ ist?
Wie muss R_2 verändert werden, damit $U_P > 0$ wird?

R-Aufgabe

Wie muss man R_1 verändern, damit man einen höheren Sollwert erhält?

B 6
Temperaturregelung mit einem Operationsverstärker

a) Schaltbild

Unsere Versuchsdaten:
$R_1 = 10\ \text{k}\Omega$; $R_3 = 10\ \text{k}\Omega$;
$R_4 = 1\ \text{k}\Omega$; $R_5 = 100\ \Omega$; $U = 7\ \text{V}$;
NTC: $10\ \text{k}\Omega$; G: 6 V/0,5 A; OV: 741;
T: 2 N 3055

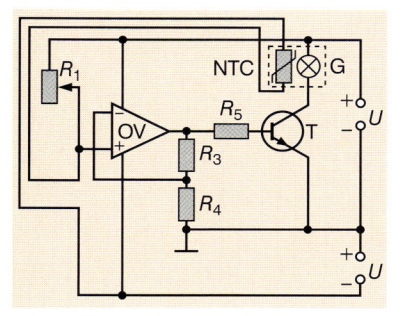

b) Rückkopplung durch einen Heißleiter, der auf den Glaskörper der Glühlampe geklebt ist

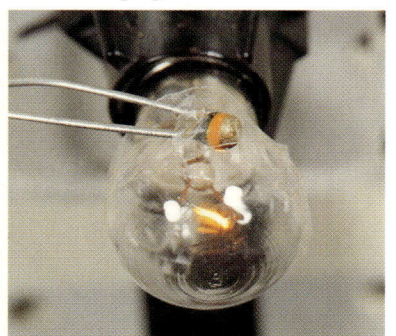

Wir versehen nun die Schaltung von B 5 mit einer Rückkopplung, indem wir den regelbaren Widerstand R_2 durch einen Heißleiter ersetzen, den wir mit einem Klebstreifen auf dem Glaskörper des Lämpchens befestigen (B 6). Außerdem wird der Festwiderstand R_1 durch einen regelbaren Widerstand ersetzt.
Dadurch erhalten wir eine Regelschaltung, mit der die Temperatur auf der Oberfläche des Glaskörpers geregelt werden kann. Mit R_1 wird der Sollwert der Glaskörpertemperatur eingestellt.

Wir überzeugen uns vom Regelvorgang, indem wir den Einfluss von Störgrößen dadurch simulieren, dass wir die Glasoberfläche durch Anblasen etwas abkühlen. Dadurch nimmt der Widerstand des Heißleiters zu und das Lämpchen wird heller. Wir erkennen, dass jetzt stärker geheizt werden muss um dieselbe Oberflächentemperatur wie vorher zu erhalten.

Aufgaben

❶ Will ein Autofahrer eine konstante Geschwindigkeit, z. B. 120 km h^{-1}, einhalten, so muss er sich selbst als Regler betätigen oder einen automatischen Regler (Tempomat) benützen.
Zeichne ein Blockschema für diese Regelung und erläutere alle bei einer Regelung wichtigen Größen und Begriffe am Beispiel des Autofahrers, der sich als Regler betätigt.

❷ Erläutere alle bei einer Regelung wichtigen Größen und Begriffe an folgendem Beispiel:
Eine Kellnerin trägt in einem Restaurant einen Teller Suppe zum Gast ohne etwas davon zu verschütten.

❸ Ein Modellwagen soll auf einer vorgeschriebenen Rennstrecke ferngelenkt werden.
  a) Erläutere, dass es sich bei dieser Lenkung um eine Regelung handelt. Gib die Stellgröße und die Regelgröße an und zeichne das Blockschema.
  b) Erkläre die Gegenkopplung.
  c) Ein Ungeübter kann die vorgezeichnete Rennstrecke schlecht einhalten; vielmehr lenkt er den Wagen auf einem Zickzackkurs. Wie ist die abweichende Bewegung von der stabilen Fahrtrichtung zu erklären?

3 Prinzip der Rückkopplung in technischen, biologischen, ökologischen und ökonomischen Systemen

Regelvorgänge sind nicht nur in der Technik wichtig; wir finden sie in vielen Bereichen unserer Umwelt. Ja wir selbst wären ohne Regelung der verschiedensten Körperfunktionen, wie z. B. der Herzfrequenz, des Blutdrucks oder des Lichteinfalls durch die Pupille auf die Netzhaut, gar nicht lebensfähig (s. a. Physikalisches aus der Medizin). Auch in der Wirtschaft spielt das Prinzip der Rückkopplung eine wichtige Rolle. Wir wollen deshalb im Folgenden einige Beispiele zu diesem Prinzip aus verschiedenen Bereichen etwas genauer betrachten.

3.1 Regelung in technischen Systemen

In der Technik werden immer häufiger Computer zur Steuerung und Regelung eingesetzt. So werden in modernen Fotoapparaten eine Reihe von Regelvorgängen, wie z. B. Blendeneinstellung, Wahl der Belichtungszeit oder Scharfstellung, von einem Computer nahezu gleichzeitig erledigt. Dies hat vor allem den Vorteil, dass der Steuer- oder Regelvorgang durch Austausch der Software sehr leicht abgeändert werden kann. So ist es z. B. während der Entwicklung eines Produkts möglich, durch laufende Anpassung des Computerprogramms den Regelvorgang laufend zu verbessern, ohne dass an der Elektronik noch etwas verändert werden muss.

Wir wollen uns in einem Versuch eine Temperaturregelung mit Computer und Interface genauer ansehen.

Versuch (B 1):

B 1
Temperaturregelung mit Computer und Interface

a) Versuchsanordnung

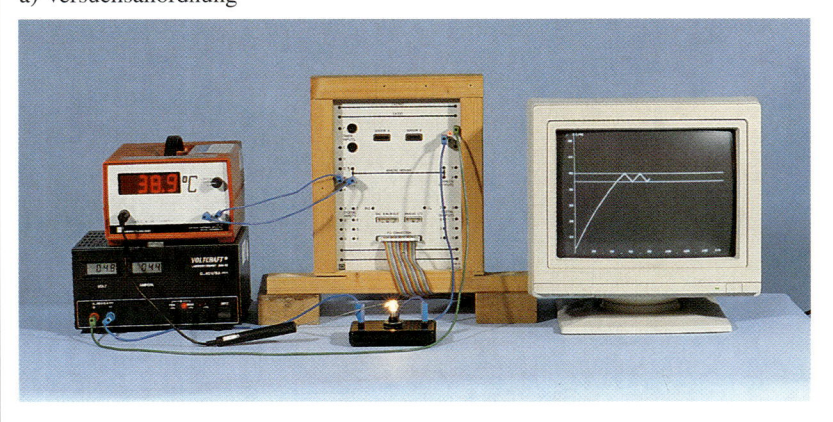

b) schematisch

Unsere Versuchsdaten:
$U = 6$ V; G: 6 V/0,5 A

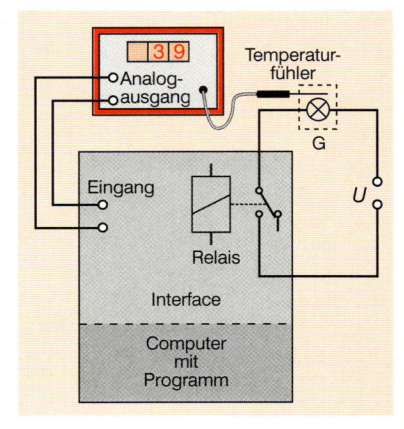

Geregelt werden soll wie in 2.3 die Temperatur auf der Oberfläche des Glaskörpers einer Glühlampe G. Dazu müssen wir zunächst den

B 2
Zeit-Temperatur-Diagramm eines Zweipunktreglers

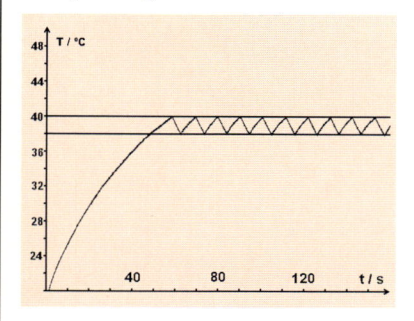

B 3
Regelkreis des Pupillenreflexes

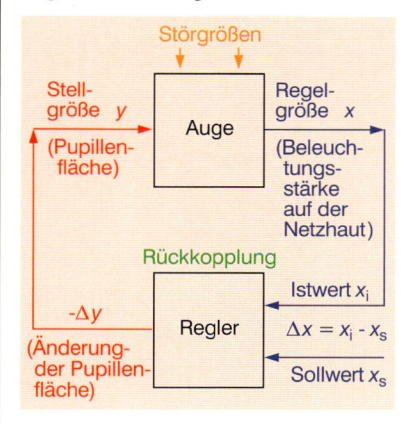

B 4
Simulation der Pupillenreaktion

a) Schaltung

Unsere Versuchsdaten:
$R_1 = 10$ kΩ; $R_2 = 10$ kΩ;
$R_3 = 1$ kΩ
$U = 8$ V; M: 5 V-Getriebemotor;
OV: 741 mit Leistungsendstufe

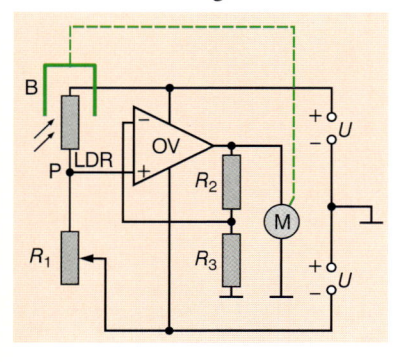

Computer in die Lage versetzen die Glühlampe ansteuern zu können. Wir benützen dazu das im Interface eingebaute Relais, dessen Kontakt man über einen Befehl im Programm schließen oder öffnen kann.

Für die Regelung benötigen wir eine Rückkopplung. Dazu muss die Regelgröße Temperatur gemessen und dem Computer mitgeteilt werden. Wir verwenden ein elektrisches Thermometer, dessen Temperaturfühler wir mit einem Klebstreifen direkt auf dem Glaskörper der Glühlampe befestigen. Die Spannung am Analogausgang des Thermometers, die direkt proportional zur Temperatur ist, legen wir an den Eingang des Interfaces; dort kann sie vom Programm[1] abgefragt werden. Der Sollwert und der Regelvorgang können nun mit dem Programm eingestellt werden. In unserem Fall wird der Sollwert durch die zwei Temperaturschranken 38° C und 40° C festgelegt. Das Programm schaltet die Lampe ein, wenn der Istwert der Temperatur unter 38° C und wieder aus, wenn er über 40° C liegt. Ein weiterer Vorteil bei der Verwendung eines Computers ist, dass man ihn gleich dazu verwenden kann, den Regelvorgang in einem Zeit-Temperatur-Diagramm auf dem Bildschirm darzustellen (B 2). Wir erkennen, wie die Temperatur zwischen den beiden Temperaturschranken hin und her schwankt. Diese Art der Regelung bezeichnet man daher auch als *Zweipunktregelung*.

3.2 Regelung in biologischen Systemen

Als Beispiel für einen Regelkreis aus der Biologie betrachten wir die Regelung des Lichteinfalls durch die Pupille in das Auge (Pupillenreflex). Fällt mehr Licht auf die Netzhaut, dann wird die von der Regenbogenhaut (Iris) umschlossene Blendenöffnung, die Pupille, kleiner. Nimmt die Beleuchtungsstärke auf der Netzhaut ab, dann vergrößert sich die Pupille. Durch die Pupillenänderung wird also die Beleuchtungsstärke auf der Netzhaut geregelt (B 3).

Wir wollen den Regelkreis des Pupillenreflexes mithilfe eines Operationsverstärkers *simulieren*[2].

Versuch (B 4):

Wir simulieren die Netzhaut mit einem LDR und die Iris mit einer Blende B, die aus einem nach unten geöffneten Zylinder aus Pappe besteht und an einem Faden aufgehängt ist. Die Blende deckt den LDR von oben her teilweise ab (B 4b).

Das obere Ende des Aufhängefadens befestigen wir an der Achse eines Getriebemotors, sodass sich die Blende hebt, wenn sich der Motor in die eine Richtung dreht (Vergrößerung der Pupillenfläche), und senkt, wenn er sich in die andere Richtung dreht (Verkleinerung der Pupillenfläche). Die Änderung der Drehrichtung erreichen wir

---
1 Programm „REG_2.PAS" auf der CD-ROM zu den Handreichungen für den Physikunterricht im Gymnasium, Band 4, Staatsinstitut für Schulpädagogik und Bildungsforschung
2 simul*are* (lat.) nachahmen

durch Umpolen der Motorbetriebsspannung, die vom Ausgang des Operationsverstärkers geliefert wird. Dieser ist als nicht-invertierender Verstärker geschaltet; er verstärkt das Potential U_P im Punkt P. Wir stellen zunächst bei mittlerer Raumbeleuchtung den regelbaren Widerstand R_1 so ein, dass $U_P = 0$ ist. Dann ist auch die Motorspannung gleich null und die Blende ändert ihre Lage nicht. Damit ist der Sollwert die Beleuchtungsstärke auf dem LDR, für die $U_P = 0$ gilt.

Wir erhöhen nun mit dem Dimmer die Raumbeleuchtung. Dadurch nimmt der Widerstand des LDR ab, wodurch $U_P > 0$ wird. Der Motor beginnt zu laufen und deckt – wenn er so gepolt ist, dass eine Gegenkopplung vorliegt – mit der Blende den LDR immer weiter ab bis wieder der Sollwert der Beleuchtungsstärke ($U_P = 0$) erreicht ist. Bei abnehmender Helligkeit wird $U_P < 0$, der Motor dreht sich in die andere Richtung und der LDR wird aufgedeckt bis wieder der Sollwert der Beleuchtungsstärke eingestellt ist.

Der Regelkreis funktioniert nur innerhalb gewisser Grenzen. So kann z. B die Beleuchtungsstärke nicht auf den Sollwert gebracht werden, wenn wir mit dem Stellwiderstand R_1 unerfüllbare Sollwerte einstellen; dies führt zur *Übersteuerung*. Auch kann bei erfüllbarem Sollwert die äußere Helligkeit als Störgröße so klein werden, dass bei völliger Aufdeckung des LDR die geforderte Beleuchtungsstärke doch nicht erreicht wird. In beiden Fällen sucht der Motor vergeblich die richtige Abdeckung.

3.3 Regelung in ökologischen Systemen

In ökologischen[1] Systemen führen in der Regel viele komplizierte und miteinander verknüpfte Regelkreise zu einem biologischen Gleichgewicht. Wir wollen mit einem Tabellenkalkulationsprogramm die Entwicklung einer *Population*[2] in einem stark vereinfachten ökologischen System simulieren.

Zunächst nehmen wir an, dass sich die Individuen des betrachteten Systems ungehindert vermehren können und von einem Tag auf den anderen um jeweils einen konstanten Bruchteil r_0 zunehmen. Dieser Bruchteil heißt *Vermehrungsrate*. Damit können wir aus der Anzahl N_i der Individuen an einem bestimmten Tag die Anzahl N_{i+1} am nächsten Tag berechen:

$$N_{i+1} = N_i + r_0 N_i$$

Wenn wir in einem Tabellenkalkulationsprogramm für jeden Tag eine Zeile reservieren und die nachfolgende Zeile jeweils aus der vorhergehenden nach dieser Gleichung berechnen, so erhalten wir die Entwicklung der Population für dieses ungebremste Populations-

B 4b
Einstellung der Beleuchtungsstärke auf dem LDR mit Getriebemotor und Blende

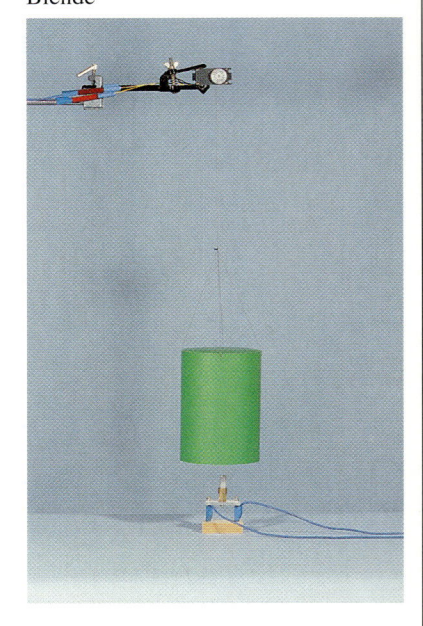

R-Aufgaben

1. Wie groß ist der Verstärkungsfaktor des nicht-invertierenden Verstärkers in B 4a?
2. Wie groß ist in B 4a der Widerstand des LDR, wenn $U_P = 0$ ist?

---
1 Ökologie ist die Lehre von den Beziehungen der Lebewesen zur Umwelt.
2 Als *Population* bezeichnet man eine Gruppe von Lebewesen der gleichen Art, die zu gleicher Zeit im gleichen Raum leben und eine Fortpflanzungsgemeinschaft bilden.

B 5
Ungebremstes Populationswachstum

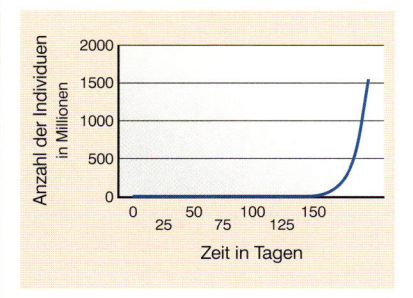

R-Aufgabe

Welche Werte kann die Vermehrungsrate $r(N)$ annehmen?

B 6
Gebremstes Populationswachstum

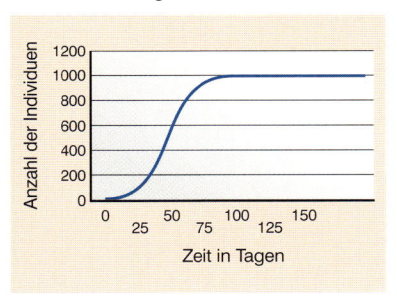

B 7
Populationsentwicklung von Schneehasen und Luchsen in den Wäldern Kanadas in den Jahren von 1845 bis 1935, ermittelt aus den Statistiken von Pelzhandelsgesellschaften

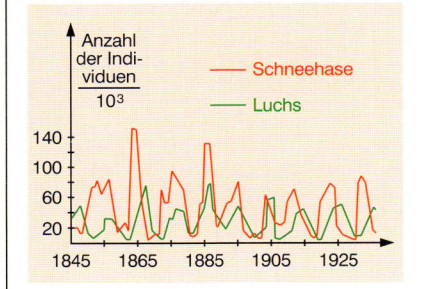

wachstum. B 5 zeigt das zugehörige Zeit-Individuenzahl-Diagramm für eine Anfangsindividuenzahl von $N_0 = 10$ und der Vermehrungsrate $r_0 = 0{,}1$. Da wegen der konstanten Vermehrungsrate mit dem Anwachsen der Individuenzahl immer mehr neue Individuen dazukommen, handelt es sich hier um eine Mitkopplung, die zu dem sehr schnellen Anstieg der Individuenzahl führt.

Einen Regelkreis erhalten wir erst dann, wenn eine Gegenkopplung wirksam wird, die in wirklichen ökologischen Systemen auch tatsächlich vorhanden ist. Sie ergibt sich aufgrund von Konkurrenz um Nahrung und Raum, Stress und Verschmutzung des Lebensraumes. Alle diese Faktoren lassen die Vermehrungsrate absinken.

In unserer Simulation berücksichtigen wir diese Gegenkopplung dadurch, dass wir eine von der Individuenzahl N abhängige Vermehrungsrate $r(N)$ einführen:

$$r(N) = r_0 \frac{K-N}{K}$$

Dabei ist K die *Umweltkapazität*, darunter versteht man die maximale Anzahl von Individuen, die das jeweilige ökologische System unter bestimmten Umweltbedingungen aufnehmen kann.

B 6 zeigt das Ergebnis der Simulation für dieses gebremste Populationswachstum für $r_0 = 0{,}1$; $N_0 = 10$ und $K = 1000$. Wir erkennen wie sich jetzt aufgrund der Gegenkopplung eine bestimmte Individuenzahl einstellt.

Die Verhältnisse in wirklichen ökologischen Systemen sind natürlich wesentlich komplizierter als in unserer einfachen Simulation. So kommen Gegenkopplungen häufig auch dadurch zustande, dass in „Räuber-Beute-Systemen" die Vermehrung der Beute dadurch gebremst wird, dass die Beutetiere von den Räubern gefressen werden. Ebenso wird die Vermehrungsrate der Räuber gebremst, wenn nicht mehr genug Beute vorhanden ist, da viele Räuber dann nicht mehr überleben können. B 7 zeigt die Entwicklung der Population von Schneehasen und Luchsen in den Wäldern Kanadas über den Zeitraum von 1845 bis 1935. Darin erkennt man wie die Individuenzahl im biologischen Gleichgewicht jeweils um einen bestimmten Mittelwert schwankt und wie die Population der Luchse mit einer Zeitverschiebung von etwa ein bis zwei Jahren der der Schneehasen nachfolgt.

3.4 Regelung in ökonomischen Systemen

Die bisherige währungspolitische Aufgabe der Deutschen Bundesbank war es, die Währung stabil zu halten. Dies verlangt ein Gleichgewicht zwischen dem als Nachfrage auftretenden Geldvolumen und dem zur Verfügung stehenden Güterangebot. Größere Abweichungen vom Gleichgewicht führen zu krisenhaften Entwicklungen:
Ist das Geldvolumen größer als die angebotene Gütermenge, so ergibt sich eine inflationäre Tendenz. Im umgekehrten Fall handelt es

sich um eine deflationäre Entwicklung; sie führt zu einer Schrumpfung des Sozialproduktes. Auf Gütermengen und Preise hat die Bundesbank keinen direkten Einfluss; diese Faktoren werden in einer Marktwirtschaft von der jeweiligen Situation am Markt bestimmt (Störeinflüsse). Mit der Steuerung des Geldvolumens hat die Notenbank allerdings die Möglichkeit, auf die Entwicklung des Preisniveaus einzuwirken. Die Festlegung und Variation der Prozentsätze der Einlagen (Mindestreservesätze), die Geschäftsbanken zinslos bei der Bundesbank halten müssen, oder attraktive Zinssätze von Geldmarktpapieren oder die Variierung des Diskontsatzes sind Maßnahmen, mit denen die Bundesbank das Geldvolumen beeinflussen kann.

Das Wirtschaftssystem (ökonomisches System) kann nur durch die stabilisierende Wirkung des Regelvorgangs bestehen und funktionieren, wobei die Rückkopplung durch die Maßnahmen der Bundesbank, gelegentlich auch in Zusammenarbeit mit der Regierung, vorgenommen wird. Weltweite wirtschaftliche Abhängigkeiten bedingen, dass die landinterne Regelung der Währung nicht genügt um Weltwirtschaftskrisen abzuwenden. Die erwähnten währungspolitischen Maßnahmen reichen dann nicht mehr aus.

Seit 1.1.1999 wird die Regelung zur Stabilisierung der Währung vom Europäischen System der Zentralbanken und ihrem Spitzeninstitut, der Europäischen Zentralbank, wahrgenommen.

Aufgaben

❶ Nenne verschiedene Möglichkeiten, wie man den Versuch zur Simulation der Pupillenreaktion (B 4) ändern müsste um statt der Gegenkopplung eine Mitkopplung zu erhalten. Warum würde der Regelvorgang dann nicht mehr funktionieren?

❷ In vielen Haushaltsgeräten (Bügeleisen, Kaffeeautomat usw.) erfolgt die Temperaturregelung mit einem Bimetallregler. B 8 zeigt einen Versuch mit dem man das Prinzip dieser Bimetallregelung demonstrieren kann. Über der Glühlampe befindet sich ein einseitig eingespannter Bimetallstreifen.
Erläutere den Ablauf dieses Versuchs und entscheide, ob es sich um einen Zweipunktregler handelt.

❸ Führe mit einem Tabellenkalkulationsprogramm die Simulationen in 3.3 durch und ermittle die den Bildern B 5 und B 6 entsprechenden Grafiken für $r_0 = 0{,}15$; $N_0 = 50$ und $K = 10000$.

❹ Die Nachfrage-Preis-Relation in der Wirtschaft ist häufig ein Regelkreis. Bei dem „Schweinezyklus" beobachtet man eine Schwankung des Preises für Schweinefleisch. Die Regelung kann den Preis nicht konstant halten, sondern er pendelt bei etwa dreijähriger Periodendauer um einen Mittelwert.
a) Erläutere, unter welcher Bedingung der Preis sinkt bzw. steigt.
b) Wie funktioniert die Gegenkopplung?

❺ An einer Straßenkreuzung wird der Verkehr „geregelt"
a) durch Ampeln mit fest vorgegebenen Rot-Grün-Phasen,
b) durch einen Verkehrspolizisten.
Erläutere jeweils, ob es sich um eine Regelung oder um eine Steuerung handelt.

B 8
Zur Aufgabe ❷

Physikalisches aus der Medizin

Ein typischer Regelkreis im menschlichen Körper ist die Regelung des Blutdrucks. Dieser ist die Regelgröße und muss innerhalb gewisser Grenzen (Sollwert) gehalten werden, da bei dauerhaft zu hohem Blutdruck die Adern überlastet werden. Dies hat zur Folge, dass die Wände der Blutgefäße starr werden und sich Fett und Cholesterin anlagern, was schließlich zum Infarkt (Verstopfung der Blutgefäße) führen kann.

Um den Blutdruck zu regeln muss es einen Messfühler geben, der laufend den Istwert feststellt. Dieser besteht aus Nervenzellen, die sich u.a. im Aortenbogen (B 9) befinden. Als Aortenbogen bezeichnet man die Biegung, die die aus dem Herzen herauskommende Schlagader (Aorta) macht um dann in den Unterkörper weiterzuführen. Am Aortenbogen zweigen weitere Schlagadern ab, die das Blut in die Arme und den Kopf weiterleiten. Auch am Beginn der Halsschlagader befinden sich weitere Nervenzellen, die als Messfühler für den Blutdruck dienen.

Die Gegenkopplung bei der Blutdruckregelung funktioniert folgendermaßen: Steigt z.B. der Blutdruck an, so dehnen sich die Schlagadern an den Stellen der Messfühler aus und die Nerven liefern vermehrt Impulse an das Gehirn. Dies führt dazu, dass die Aussendung der Nervenimpulse, die die Muskelfasern in den Wänden der Blutgefäße unter einer gewissen Spannung (Stellgröße) halten, gehemmt wird. Die dadurch bedingte Erschlaffung dieser Muskeln führt zu einer Vergrößerung der Blutgefäße, wodurch der Blutdruck fällt, da jetzt dem Blut ein größeres Volumen zur Verfügung steht.

Durch Regelkreise werden auch Körpertemperatur und Körperhaltung auf einem konstanten Wert gehalten. Treten Störungen auf, dann dauert es eine bestimmte Zeit, bis durch Gegenkopplung die Regelgröße beeinflusst wird. Diese Zeit (Totzeit) ist im Allgemeinen kleiner als eine Sekunde. Bei starker Alkoholeinwirkung ist die Totzeit verlängert. Deshalb treten bei Betrunkenen in dem Regelkreis, der die aufrechte Körperhaltung stabilisiert, deutliche Schwankungen auf.

B 9
Herz mit Aortenbogen und Messfühler für den Blutdruck

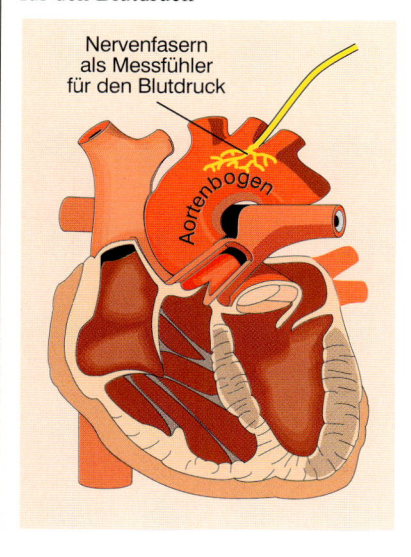

Physikalisches aus der Technik

Nahezu an allen Heizkörpern findet man heute Thermostatventile (B 10). Das Thermostatventil ist in den meisten Fällen ein einfacher mechanischer Regler, der die Zimmertemperatur etwa konstant hält. Außerdem kann man durch Drehen einen Sollwert für die Zimmertemperatur wählen. B 11 zeigt die Funktionsweise dieses Reglers. Eine Flüssigkeit übt auf eine Membran, die mit einem Stift verbunden ist, eine Kraft aus. Über den Stift wird ein Ventil betätigt, das den Durchfluss des warmen Wassers durch den Heizkörper steuert. Bei zunehmender Temperatur dehnt sich die Flüssigkeit aus und schließt über den Stift das Ventil so weit, bis eine konstante Temperatur erreicht ist. Sinkt die Temperatur aufgrund von Störgrößen (sinkende Außentemperatur, Öffnen des Fensters), so kann eine Feder das Ventil weiter öffnen, da sich jetzt die Flüssigkeit zusammenzieht.

Der Sollwert der Zimmertemperatur kann durch Drehen des Reglers gewählt werden. Wird z.B. eine höhere Temperatur eingestellt, so verschiebt sich in B 11 der Flüssigkeitsbehälter mit Membran und Stift nach rechts und öffnet dabei das Ventil stärker. Die Flüssigkeit muss sich jetzt weiter ausdehnen, bis das Ventil wieder soweit geschlossen ist, dass sich eine konstante höhere Zimmertemperatur einstellt.

B 10
Thermostatventil an einem Heizkörper

B 11
Zur Funktionsweise eines Thermostatventils

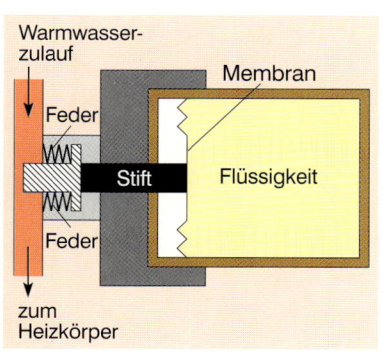

4 Nachrichtenübertragung mit Licht

Die Nachrichtenübertragung hat in den letzten Jahren außerordentlich an Bedeutung gewonnen. So werden schon seit einiger Zeit über die Telefonleitung nicht nur Telefongespräche, sondern auch Daten verschiedenster Art übertragen. Da die Menge der Daten immer mehr zugenommen hat, war es schon bald nicht mehr möglich die Nachrichtenübertragung allein über Kupferkabel vorzunehmen. Es musste deshalb nach einer Möglichkeit gesucht werden, die es erlaubt viel mehr Daten zu übertragen als das über ein Kupferkabel möglich ist. Das *Glasfaserkabel* erfüllt diese Eigenschaft. Deshalb besteht heute bereits ein großer Teil des Telekommunikationsnetzes aus Glasfaserkabeln, über die Daten mithilfe von Licht übertragen werden. Mit dem Prinzip der Nachrichtenübertragung mit Licht wollen wir uns im Folgenden näher befassen.

4.1 Prinzip der Nachrichtenübertragung mit Licht

4.1.1 Lichtsender

Versuch (B 1):

Wir verwenden als Herzstück des Lichtsenders eine Leuchtdiode (LED), die vom Kollektorstrom des Transistors T betrieben wird. Mit dem Potentiometer P stellen wir den Arbeitspunkt so ein, dass die Leuchtdiode etwa mit halber Helligkeit leuchtet.
Um z. B. Musik übertragen zu können sorgen wir dafür, dass die Helligkeit der Leuchtdiode im Rhythmus der Musik schwankt. Das Aufprägen der Nachrichten auf die Helligkeit der Leuchtdiode nennt man *Modulation*[1].
Diese Modulation erreichen wir dadurch, dass wir das Nachrichtensignal in den Basisstromkreis einkoppeln. Dazu verwenden wir den Transformator Tr, dessen Primärseite wir z. B. mit dem Kopfhörerausgang eines Walkman verbinden. Die auf der Sekundärseite entstehende Induktionsspannung bewirkt ein Schwanken des Basisstroms im Rhythmus der Musik. Der Transistor verstärkt diese Schwankungen und lässt damit die Helligkeit der Leuchtdiode im selben Rhythmus schwanken. Diese Schwankungen können wir bereits mit bloßem Auge beobachten.

4.1.2 Lichtempfänger

Versuch (B 2):

Aufgabe des Lichtempfängers ist es, die dem Licht aufgeprägten Nachrichten wieder in elektrische Signale umzuwandeln. Diesen Vorgang bezeichnet man als *Demodulation*. Die Demodulation errei-

B 1
Schaltbild des Lichtsenders

Unsere Versuchsdaten:
$R_1 = 10\,\text{k}\Omega$; $R_2 = 100\,\Omega$;
$R_P = 10\,\text{k}\Omega$; $U = 4{,}5\,\text{V}$;
T: BC 549 C; Tr: $N_P = 125$;
$N_S = 1000$

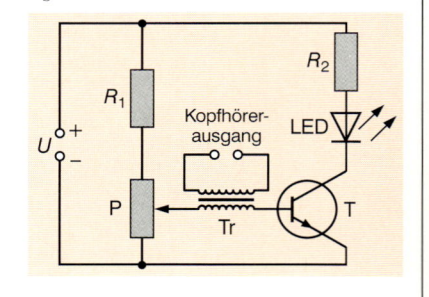

B 2
Lichtempfänger

Unsere Versuchsdaten:
$R = 1\,\text{k}\Omega$; D: BP 100

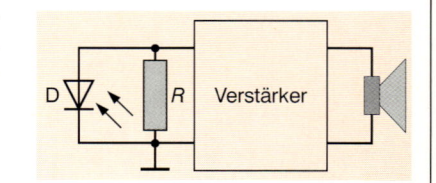

---
1 modul*are* (lat.) Takt schlagen

chen wir mit der Fotodiode D, die zum Widerstand R parallel geschaltet ist. Wenn wir die Fotodiode mit dem vom Lichtsender abgestrahlten modulierten Licht beleuchten, fließt über den Widerstand ein Fotostrom, der sich im Rhythmus der Helligkeitsschwankungen ändert. An den Enden des Widerstandes liegt damit eine Spannung, die zur ursprünglich vom Walkman gelieferten Ausgangsspannung proportional ist. Diese Spannung führen wir dem Eingang eines Verstärkers zu, der mit einem Lautsprecher verbunden ist. Im Lautsprecher hören wir dann wieder die Musik.

Wenn wir das vom Lichtsender abgestrahlte Licht mit einer Linse zu einem Parallellichtbündel bündeln und mit einer zweiten Linse dieses Licht auf die Fotodiode fokussieren[1], so können wir ohne weiteres Übertragungsstrecken von mehreren Metern erreichen (B 3).

B 3
Vergrößerung des Übertragungsweges mit Linsen

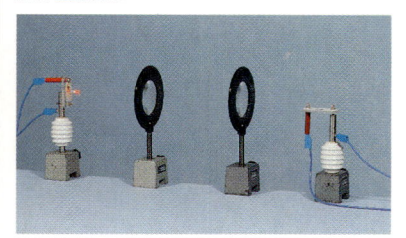

4.2 Moderne Nachrichtenübertragung mit Glasfaserkabeln

Das in 4.1 besprochene Prinzip der Nachrichtenübertragung mit Licht spielt in der modernen Nachrichtentechnik eine immer größere Rolle. Hier wird allerdings das Lichtsignal über ein *Glasfaserkabel* und nicht durch die Luft übertragen (s. Physikalisches aus der Technik).

Das Glasfaserkabel hat gegenüber dem Kupferkabel eine Reihe von Vorteilen:

– *Große Übertragungskapazität*

  Über ein Glasfaserkabel lässt sich wesentlich mehr Information in derselben Zeit übertragen als über ein Kupferkabel; dies wird in naher Zukunft sehr bedeutsam werden, da immer mehr Dienste (Telefon, Telefax, Bildtelefon, Übermittlung von Röntgenbildern in der Medizin usw.) die Übertragung von immer mehr Daten erfordern.

– *Große Reichweite*

  Die Lichtsignale können in einer Glasfaser größere Strecken ohne Verstärkung zurücklegen als elektrische Signale in Kupferkabeln.

– *Große Störungssicherheit*

  Die Lichtsignale werden nicht durch Störsignale, die z. B. in nahe gelegenen elektrischen Leitungen auftreten, beeinflusst. Kupferkabel müssen gegen Störsignale abgeschirmt werden, Glasfaserkabel benötigen keine Abschirmung.

– *Oxidationsfreiheit*

  Kupferkabel oxidieren mit der Zeit, Glasfaserkabel nicht; sie sind deshalb viel länger haltbar.

---

1 *focus* (lat.) Feuerstätte, Herd; fokussieren: in einem Punkt (Brennpunkt) vereinigen

Glasfaserkabel sind zwar noch teurer und empfindlicher als Kupferkabel, jedoch zeigt der folgende Vergleich, warum sich Glasfaserkabel in der Zukunft gegenüber Kupferkabeln durchsetzen werden:
Ein Kupferkabel, das für 100000 Telefongespräche gleichzeitig ausgelegt ist, hat einen Außendurchmesser von etwa 10 cm und eine Masse von etwa 5 kg pro Meter Kabellänge. Außerdem müssen die elektrischen Signale etwa alle 5 km verstärkt werden.
Ein entsprechendes Glasfaserkabel hat dagegen nur einen Außendurchmesser von 2 cm und eine Masse von 0,3 kg pro Meter Kabellänge. Eine Verstärkung der Lichtsignale ist nur alle 50 km notwendig.

Licht kann moduliert werden und somit zur Nachrichtenübertragung dienen.
Der Hauptvorteil bei der Nachrichtenübertragung durch Glasfaserkabel gegenüber Kupferkabel ist die viel höhere Übertragungskapazität.

Schülerversuch

❶ a) Baue einen Lichtsender nach B 1 auf und beobachte die Helligkeitsschwankungen der Leuchtdiode.
b) Baue einen Lichtempfänger wie in B 2 auf; verwirkliche dabei den Verstärker mit einem Operationsverstärker und ersetze den Lautsprecher durch einen Kopfhörer.

Aufgaben

❶ Erkläre die Begriffe „Modulation" und „Demodulation" am Beispiel der Nachrichtenübertragung mit Licht.

❷ Was passiert, wenn man beim Lichtsender (B 1) den Arbeitspunkt so einstellt, dass die Leuchtdiode nur sehr schwach leuchtet?

❸ Welche Vorteile besitzt ein Glasfaserkabel gegenüber einem Kupferkabel bei der Nachrichtenübertragung?

Physikalisches aus der Technik

In der modernen Nachrichtenübertragung werden Daten mithilfe von Lichtsignalen über Glasfaserleitungen übertragen. B 4 zeigt den Aufbau einer Glasfaserleitung, die im Wesentlichen aus einem Kern und einem Mantel aus hochreinem Glas besteht. Zum Schutz der Glasfaser dient eine Primärbeschichtung beispielsweise aus Silikonharz und eine Sekundärbeschichtung aus Kunststoff. Technische Glasfaserkabel bestehen aus vielen solchen Glasfaserleitungen.

Wird Licht unter einem bestimmten Winkel ε_1 in den Glaskern eingestrahlt (B 5), so wird es zunächst an der Stirnfläche der Glasfaser gebrochen (Brechungswinkel ε'_1). Im weiteren Verlauf trifft das Licht auf die Grenzfläche Kern-Mantel. Da der Mantel aus Glas besteht, das optisch dünner ist als der Kern, wird das Licht an dieser Grenzfläche total reflektiert, wenn ε_2 größer ist als der Grenzwinkel der Totalreflexion. Dies erreicht man, wenn man den Einfallswinkel ε_1 genügend klein wählt.
Im weiteren Verlauf wird das Licht immer wieder an der Grenzfläche Kern-Mantel total reflektiert und so durch die Glasfaser geleitet. Heute ist es möglich Glas-

B 4
Aufbau einer Glasfaserleitung

■ Kern
- opt. dichter als der Mantel
- typ. Durchmesser: 50 μm

■ Mantel
- opt. dünner als der Kern
- typ. Durchmesser: 125 μm

■ Primärbeschichtung
- z.B. Silikonharz
- sehr dünn

■ Sekundärbeschichtung
- Kunststoff
- typ. Durchmesser: 1 mm

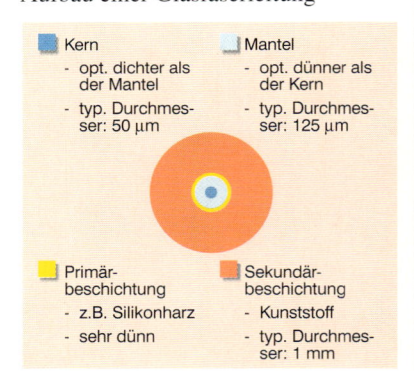

B 5
Lichtleitung in einer Glasfaser

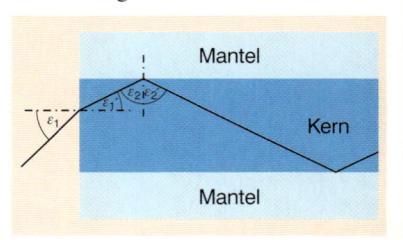

faserleitungen aus so reinem Glas herzustellen, dass das Licht über 50 km durch die Leitung geführt werden kann, ohne dass dazwischen eine Verstärkung nötig ist.

Als Lichtsender am Anfang des Kabels werden Leuchtdioden oder Laserdioden verwendet. Letztere haben den Vorteil, dass das ausgesandte Lichtbündel intensiver und weniger divergent ist. Dadurch ergeben sich kleinere Einfallswinkel ε_1, sodass das gesamte Lichtbündel in der Glasfaser total reflektiert wird und nicht zum Teil die Faser wieder verlässt.

Als Lichtempfänger am Ende des Kabels werden Fotodioden verwendet, die die Lichtsignale in elektrische Signale umwandeln.

Wie im Versuch zu 4.1.1 müssen auch in der Nachrichtentechnik die Lichtsignale moduliert werden. Allerdings werden hier die Daten *digital*[1] übertragen. Dabei gibt es eine Reihe verschiedener Verfahren. Bei einem z. B. beim ISDN-Netz[2] üblichen Verfahren wird zunächst das analoge Signal (z. B. die Sprache beim Telefon) in Zeitabständen von 1/8000 s abgetastet (B 6). Jedem Spannungswert, den man bei der Abtastung erhält, wird eine Zahl zwischen 0 und 255 zugeordnet; im Beispiel von B 6 erhält man die Zahlenfolge 125, 212, 250, 220, 154, 129, ... Diese Zahlenfolge wird ins Dualsystem übertragen: 01111101, 11010100, 11111010, 10011010, 10000001, ... Nun kann man diese Folge von Nullen und Einsen über die Glasfaser übertragen, indem man z. B. bei einer Eins die Leuchtdiode auf der Senderseite ein- und bei einer Null ausschaltet. Auf der Empfängerseite wird dann die Zahlenfolge wieder in ein elektrisches Signal zurückverwandelt.

Für die Darstellung einer Zahl zwischen 0 und 255 werden im Dualsystem 8 Stellen (8 Bit) benötigt; somit müssen bei der Übertragung eines Telefongesprächs pro Sekunde 8000 · 8 Bit = 64000 Bit übermittelt werden.

Da über eine Glasfaser aber Daten mit einer Geschwindigkeit von einigen Gigabit pro Sekunde übertragen werden können, wird nie ein einziges Telefongespräch, sondern immer einige hundert gleichzeitig über die Glasfaser übertragen. Dabei ist es sogar möglich, zusätzlich noch andere Daten wie Fernsehbilder, Faxe usw. zur selben Zeit über ein Glasfaserkabel zu schicken. Für die Übertragung eines Fernsehbildes müssen z. B. etwa 135 Megabit pro Sekunde übertragen werden.

B 6
Abtastung eines analogen Signals bei der digitalen Datenübertragung

Die Änderung der Signalspannung während einer Abtastperiode ist hier übertrieben groß gezeichnet.

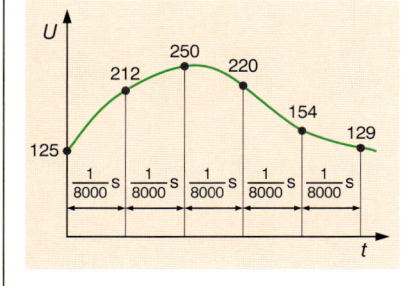

---
1 digital: ziffernmäßig
2 ISDN Abk. von *I*ntegrated *S*ervices *D*igital *N*etwork

Personen- und Sachverzeichnis

Akzeptor 13 f.
Antidiffusionsspannung 15 f., 20, 23
Anwendungen des Operationsverstärkers 40
Anzeigetafel 26
Arbeitspunkt 30, 58, 60
Ausgangspotential 39, 41, 43

Bardeen, John 27
Basis 28
Beleuchtung 7 ff., 11 f., 23 f., 40
–, Raum- 54
–, Straßen- 40
–, Zimmer- 48
Beleuchtungsstärke 26, 53 f.
Belichtungsmesser 26
Bezugspunkt 37 f.
Bimetallregler 56
Bleistiftstrich 43
Blockschema
– einer Regelung 50
– einer Steuerung 47
Blutdruck 57
Brattain, Walter Houser 27
Brückengleichrichtung 18
Brückenschaltung nach Graetz 18

Chip, 35
Computer 35, 52 f.

Darlington-Transistor 33
Defektelektron 10
Demodulation 58, 60
Deutsche Bundesbank 55
diffundieren 14 f., 34 f.
digital 61
Diode 16 ff., 20 ff., 24 f.
–, Foto- 23, 26, 59, 61
–, Germanium- 16 f., 21
–, Halbleiter- 13 ff., 27
–, Hochvakuum- 15
–, Kennlinie einer 20
–, Laser- 61
–, Leucht- 18, 22, 26, 44, 58, 60 f.
–, Silizium- 16, 20 f.
–, Zener- 24 f.
–, Schaltsymbol einer 16
Diodenkennlinie 20
Donator 13
Dotieren 13 f., 31
Dreieckspannung 21
Dual in-line-Gehäuse 38
Durchbruch 24

Durchlassrichtung 15 ff., 22, 24, 27 f.

Eierschachtel 11
Eigenleitung 7 f., 10 ff., 14, 17
Eigenschaften eines Operationsverstärkers 38
Eingänge eines Operationsverstärkers 39
Eingangspotential 41, 43
Eingangswiderstand 39, 43 ff.
Einweggleichrichtung 17 f.
Elektronenleitung 9, 11
Emitter 28
Europäische Zentralbank 56
Experimentierecke 12, 26

Fotodiode 23, 26, 59, 61
–, Schaltsymbol einer 23
Fotoelement 23 f., 26
Fotowiderstand 9, 12
–, Schaltsymbol eines 9
Fremdatome 13 f., 31 f.
Führungsgröße 49

Gallium-Arsenid 7, 22
Gegenkopplung 49 ff., 54 ff.
Generation 10 ff.
Germanium 7, 9
Germaniumdiode 16 f., 21
Glasfaserkabel 58 ff.
–, Vorteile eines 59
Glasfaserleitung
–, Aufbau einer 60
Gleichrichtung 17
Graetz, Leo 18

Halbleiter 7 ff., 31
Halbleiterdioden 13 ff., 27
Halbleiterfertigungstechnik 31
Heißleiter 9, 51
–, Schaltsymbol eines 9

Individuenzahl 54 f.
Infrarot-Fernbedienung 26
Infrarot-Kopfhörer 26
Integrierte Schaltung 32, 35, 37
ISDN-Netz 61
Istwert 49 f., 53, 57

Kennlinie
– einer Diode 20
– einer Fotodiode 23
– einer Germaniumdiode 21

– einer Leuchtdiode 22
– einer Siliziumdiode 21
Kollektor 28
Komparator 40
Kristall 9
– -bindung 9

Laserdioden 61
Lawineneffekt 24
LDR 9
–, Schaltsymbol eines 9
Leerlaufverstärkung 39, 43 f.
Leuchtdiode 18, 22, 26, 44, 58, 60 f.
–, Schaltsymbol einer 22
Lichtempfänger 58, 60 f.
Lichtschranke 12
Lichtsender 58 ff.
Loch 10
Löcherleitung 9, 11 ff.

Majoritätsträger 14 f.
Masken 35
Masse 37 f., 60
Messung
– kleiner Induktionsspannungen 42
– kleiner Ströme 43
Messverstärker 45
Mikrofonverstärker 30
Mindestreservesätze 56
Miniaturisierung 32, 35
Minoritätsträger 14
Mitkopplung 49, 55 f.
Modem 22
Modulation 58, 60

Nachrichtenübertragung 58 ff.
– mit Licht 58
n-Dotierung 13
n-Leiter 13 ff., 23
npn-Planartransistor 34
npn-Schicht 27
npn-Transistor 27
NTC 9
–, Schaltsymbol eines 9

Operationsverstärker 37 ff., 43 ff., 50 f., 60
–, Schaltsymbol eines 38

p-Dotierung 13
Physikalisches
– aus der Medizin 57

– aus der Technik 26, 34f., 45, 57, 60f.
Planartechnik 32, 34
Planartransistor
–, Herstellung eines 34
p-Leiter 13ff., 23
pn-Übergang 14ff., 20, 28, 33, 40
Population 54f.
Populationswachstum
–, gebremstes 55
–, ungebremstes 54
Potential 37ff., 44f., 51, 54
Pupillenreflex 53

Räuber-Beute-System 55
Regelgröße 49ff., 53, 57
Regelung 47, 49ff.
Rekombination 10ff.
Rückkopplung 49ff., 56

Schalten 47
Schalter
–, Transistor als 31
Schaltsymbol
– einer Fotodiode 23
– einer Halbleiterdiode 16
– einer Leuchtdiode 22
– der Masse 37
– eines Operationsverstärkers 38
– eines Transistors 28
Schweinezyklus 56
Shockley, William Bradford 27
Silizium 7, 9
Siliziumdiode 16, 20f.
Siliziumdioxid 31
Simulation 56

Sollwert 49ff., 53f., 57
Spannungsfolger 45
Spannungsstabilisierung 24f.
Spannungsverstärker 40
Sperrrichtung 15ff., 20, 23f., 27, 40
Sperrschicht 14f., 20, 23f., 27f.
Stellgröße 46ff., 57
Steuergröße 46ff., 51
Steuern und Regeln mit einem Operationsverstärker 50
Steuerung 26, 28, 46ff., 52, 56
Störgröße 50f., 54, 57
Störstellen 13
Störstellenleitung 13f., 17
Stromsteuerkennlinie 29f.
Stromverstärkung 29f., 32f.
System
–, biologisches 53
–, ökologisches 54
–, ökonomisches 55
–, technisches 52

Telekommunikationsnetz 58
Temperatur 7f., 10ff., 14, 44, 46, 49ff., 57
Temperaturregelung mit Computer und Interface 52
Tempomat 51
Thermostatventil 57
Transistor 7, 27ff., 33, 35, 40, 48, 50f., 58
– als Schalter 31
– als Verstärker 30
–, Darlington- 33
– -effekt 27
–, Eigenschaften des 27

–, Funktionsweise des 28
–, npn- 27
–, npn-Planar- 34
–, Planar- 34
–, Prinzip des 27
–, Wirkungsweise des 27
–, Schaltsymbol des 28
Transistoreffekt 27f.

Umweltkapazität 55
Übersteuerung 39, 54
Übertragungskapazität 59f.

Valenzelektron 10f., 13f., 24
Vermehrungsrate 54f.
Verstärken 48
Verstärker 30, 40ff., 48, 51, 54, 60
–, invertierender 44
–, nicht-invertierender 40, 51, 54
Verstärkungsfaktor 41ff., 54

Währung 55f.
Widerstand
–, spezifischer 7

Zener, Clarence Melvin 24
Zenerdiode 24f.
–, Schaltsymbol einer 24
Zenereffekt 24
Zentralbank
–, Europäische 56
Ziehen eines Halbleiter-Einkristalls 31
Zweipunkregelung 53
Zweiweggleichrichtung 19

Periodensystem der Elemente

Periode	Elektronenschalen	Gruppe I a	b	Gruppe II a	b	Gruppe III a	b	Gruppe IV a	b	Gruppe V a	b
1	K	1H Wasserstoff 1,0079 1									
2	K L	3Li Lithium 6,94 2 1		4Be Beryllium 9,01218 2 2		2 3	5B Bor 10,81	2 4	6C Kohlenstoff 12,011	2 5	7N Stickstoff 14,0067
3	K L M	11Na Natrium 22,98977 2 8 1		12Mg Magnesium 24,305 2 8 2		2 8 3	13Al Aluminium 26,98154	2 8 4	14Si Silizium 28,0855	2 8 5	15P Phosphor 30,97376
4	L M N	19K Kalium 39,0983 8 8 1		20Ca Calcium 40,08 8 8 2		21Sc Scandium 44,9559 8 9 2		22Ti Titan 47,90 8 10 2		23V Vanadium 50,9415 8 11 2	
4	L M N	8 18 1	29Cu Kupfer 63,546	8 18 2	30Zn Zink 65,38	8 18 3	31Ga Gallium 69,735	8 18 4	32Ge Germanium 72,59	8 18 5	33As Arsen 74,9216
5	M N O	37Rb Rubidium 85,4678 18 8 1		38Sr Strontium 87,62 18 8 2		39Y Yttrium 88,9059 18 9 2		40Zr Zirkon 91,22 18 10 2		41Nb Niob 92,9064 18 12 1	
5	M N O	18 18 1	47Ag Silber 107,868	18 18 2	48Cd Cadmium 112,41	18 18 3	49In Indium 114,82	18 18 4	50Sn Zinn 118,69	18 18 5	51Sb Antimon 121,75
6	N O P	55Cs Cäsium 132,9054 18 8 1		56Ba Barium 137,33 18 8 2		57La...71 Lanthan 138,9055 18 9 2		72Hf Hafnium 178,49 32 10 2		73Ta Tantal 180,9479 32 11 2	
6	N O P	32 18 1	79Au Gold 196,9665	32 18 2	80Hg Quecksilber 200,59	32 18 3	81Tl Thallium 204,37	32 18 4	82Pb Blei 207,2	32 18 5	83Bi Wismut 208,9804
7	O P Q	87Fr Francium (223) 18 8 1		88Ra Radium 226,0254 18 8 2		89Ac...103 Actinium (227) 18 9 2		104Rf Rutherford. (260) 32 10 2		105Ha Hahnium (260) 32 11 2	

Lanthaniden (Seltene Erden)

Zu 6	N O P	58Ce Cer 140,12 20 8 2		59Pr Praseodym 140,9077 21 8 2		60Nd Neodym 144,24 22 8 2		61Pm Promethium (145) 23 8 2		62Sm Samarium 150,4 24 8 2	63Eu Europium 151,96 25 8 2

Actiniden

Zu 7	O P Q	90Th Thorium 232,0381 18 10 2		91Pa Protaktin. 231,0359 20 9 2		92U Uran 238,029 21 9 2		93Np Neptunium 237,0482 22 9 2		94Pu Plutonium (244) 24 8 2	95Am Americium (243) 25 8 2

Bei jedem Element ist neben der Nummer das Symbol, darunter der Name und die Atommasse in u angegeben. Atommassen in Klammern gehören zum stabilsten Isotop.